날마다 웃는 얼굴 되는

라쿠라쿠 엄마류 지원 도구

책 속에 등장하는, 삼남매를 키우면서 실제로 사용하고 있는 보조 물품을 소개합니다.

1 계단의 형광 테이프(63쪽)

아이들이 안심하고 생활할 수 있도록 우선 집 안의 환경을 정비합니다.

2 우리집 표지(64쪽)

조심해야 할 곳을 교통표지판처럼 '시각화'했더니 주의/명령/금지에 잘 따르지 않는 아이들도 주의를 기울이게 되었습니다.

3 전자렌지 사용법(66,99쪽)

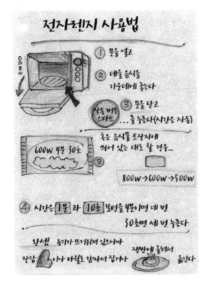

우리 집은 자주 쓰는 가전제품 가까이에 '사용법 카드'를 걸어두고 있습니다. 직접 일러스트로 그리기 어려운 경우에는 취급 설명서로 대신해도 괜찮겠지요.

4 포인트 수첩(80쪽)

'해낸 일', '노력한 일'에 포인트를 주어서 용돈으로 교환해 줍니다.

5 해냈다 일기 (85쪽)

아이마다 한 권씩 자신이 해낸 일만 모아놓은 기록입니다. 시각적으로 남아 있으면 언제든 다시 볼 수 있어서 아이의 자신감을 뒷받침해 줍니다.

6 채비 카드(형제) (88쪽)

7 채비 카드(여동생) (88쪽)

몸단장 순서와 복장 완성형을 한눈에 알 수 있도록 한 카드입니다. 아이의 특징에 따라 조금씩 다르게 접근했습니다.

8 기압과 온도의 시각화(91쪽)

날씨 변화가 한눈에 들어오도록 '기압계'와 '갈릴레오 온도계'를 인테리어 겸하여 놓아 두었습니다.

9 날씨 가늠표(90쪽)

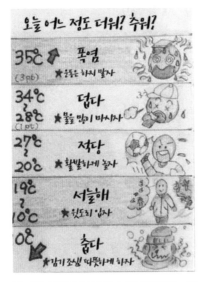

날씨를 온도로 표시해도 아이들에게는 바로 와 닿지 않으므로 기온과 체감 기준을 5단계 표로 만들었습니다.

10 오늘의 추천 스타일(91쪽)

날씨에 맞춰 옷을 선택할 수 있도록 옷 갈아입히기 장치 카드를 만들었습니다.

11 OK 카드(96쪽)

'실패해도 스스로 처리할 수 있으면 OK'라는 생각을 바탕으로 실패했을 때의 대처법을 일러스트로 그려 두었습니다.

12 화장실 사용법(113쪽)

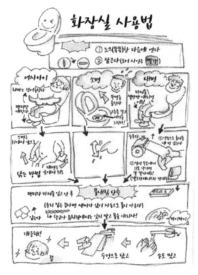

남녀별 대소별로 '우리 집 화장실 사용법'를 일러스트로 만들어 화장실에 붙여 두었습니다.

13 옷 갈아입히기 팬티(113쪽)

기저귀에서 팬티로 갈아탄 막내딸을 위해 옷 갈아입히기 놀이에서 착안한 장치 카드를 만들었습니다.

14 좌변기 뚜껑 안쪽(114쪽)

'화장실 실수 대책'을 위해 손글씨 메시지와 시판 스티커를 활용했습니다.

15 물건 이름 라벨(118쪽)

수납과 문자 학습을 위해 모든 물건에
이름을 적은 라벨을 붙여 두었습니다.

16 여행 안내서(141쪽)

정해진 일상을 벗어나면 힘들어하는 아이들이 안심하고 여행할 수 있도록 여행 형태별로 안내서를 만들고 있습니다.

17 알림장 포맷(160쪽)

쓰기 장애와 부주의성이 있는 큰 아이는 알림장을 써 오지 않는 경우가 있어 ○를 치기만 하면 되는 포맷을 만들었습니다.

```
  월   일   ( 월 화 수 목 금 )

· 시간표대로
· 국 수 과 사 체 음 미술 음악 기타 (              )

숙제 : 소리 내어 읽기 (          ) 계산 연습 (           )
프린트(국 수 기타      장) 테스트(국 수 기타        )
   그 외

지참물 : 체육복  덧신  수영 세트  악기  물감 세트
   그 외

연락 :
```

18 책가방 뚜껑용 리스트(161쪽)

챙겨서 돌아오는 것을 깜빡 잊는 것을 방지하기 위해 책가방 뚜껑 안쪽에 삽입하는 리스트를 만들었습니다.

7

19 투명 주머니(162쪽)

잊기 쉬운 '윗도리', '체육관용 운동화', '수영복' 등을 넣는 주머니는 투명 백을 사용하여 한눈에 알 수 있도록 했습니다.

20 연락 주머니의 탭(164쪽)

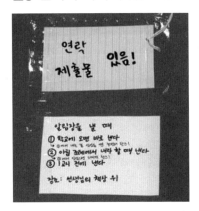

중요한 물건은 파일 주머니에 끈을 매달고 '꺼내는 것을 잊는 문제'를 방지하기 위해 카드를 붙여 둡니다.

21 운동회용 프로그램(165쪽)

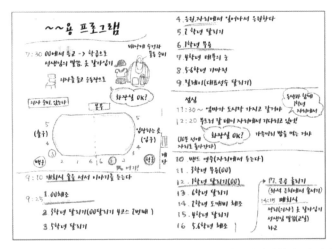

운동회는 비일상적인 내용이 많은 이벤트여서 아이들이 안심할 수 있도록 한 명 한 명 전용 프로그램을 만듭니다.

22 가위바위보 흐름 차트(167쪽)

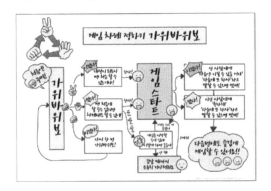

게임에서 이기고 지는 것을 이해하기 힘들어하는 아이를 위해 '이겼을 때'와 '졌을 때'의 흐름 차트를 만들었습니다.

23 인덱스(170쪽)

교과서에서 필요한 쪽수를 곧바로 찾아내어 펼치지 못하는 아이들을 위해 인덱스용 견출지를 붙여 놓았습니다.

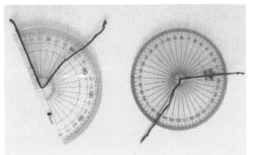

24 개조 분도기(172쪽)

드라이버로 한쪽 메모리를 잘라내어 한 방향으로 만든(반원 분도기) 다음 빨간 실을 붙여 보기 쉽게 만들었습니다.

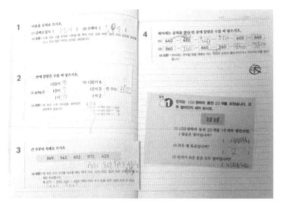

25 교과서 노트
(174쪽)

교과서를 확대 복사하여
노트에 잘라 붙인 것. 판서
옮기기의 부담을 줄여 줍
니다.

26 칸막이(180쪽)

저마다 집중하여 공부할 수 있도록 '칸막이'를 만들
어 아이들 책상을 독립된 부스처럼 만들었습니다.

27 글자 도움 카드(185쪽)

문제를 풀어도 글자가 생각나지
않을 때를 대비하여 자주 쓰는 글
자(계산단위나 알림장의 표기 등)
를 정리해 두었습니다.

28 숙제 리스트(197쪽)

숙제량이 많은 방학 등은 숙제 일람 리스트를 만들어 우선순위를 정하거나 과제별로 포인트를 가산해 줍니다.

29 학기말 물건 챙겨오기 리스트 (219쪽)

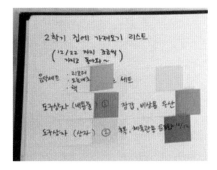

종업식 날에 부담이 과도해지지 않도록 일주일 전부터 짐을 조금씩 나눠 가져올 수 있게 리스트를 만들었습니다.

30 달력에 붙이는 포스트잇(236쪽)

엄마가 해야 할 일 리스트를 써넣은 포스트잇을 달력 등에 붙여서 우선순위를 정합니다.

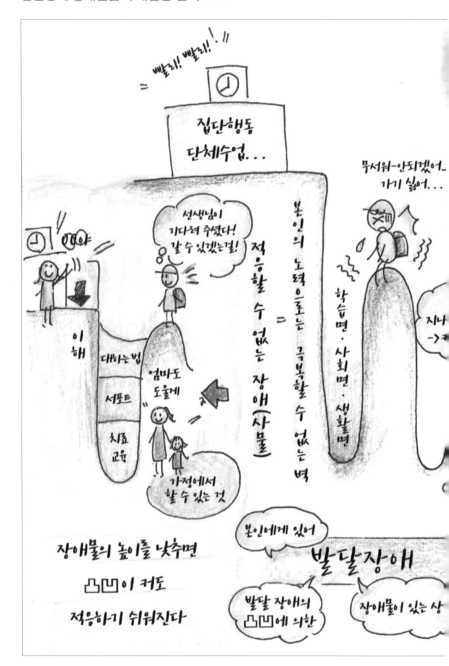

발달장애/경계선급이란 ...

* 잘하는 것과 서툰 것의 차이가 큰 아이

* 본인의 발달상의 특성(특별한 개성)에 의한 것으로, 의욕이나 기분의 문제가 아님

발달의 凸凹은 있지만 어떻게든 적응하고 있음

집단행동, 단체수업도 문제없는 아이들

왁자지껄

가자~

고마워요!

환경의 부담

조금이라도 있으면 불감이 줄어든다

➡ 발달의 凹凸(잘하는 것·서툰 것)

경계선급   정형발달

본인이 곤란을 겪고 있다면 서포트가 필요

ⓒ라쿠라쿠 엄마

■ 말 걸기 변환표(지시/명령/금지)

before	after	memo
제발 그만 좀 햇!	앞으로 몇 분 정도면 끝날 것 같아?	타이머 함께 사용하기
잠깐 기다려!	지금부터 △분(초)만 기다려 줘(^^)	구체적인 숫자 등
시끄러워!	목소리를 '이 정도'로 낮춰 줄래?	실제 예
	목소리를 볼륨2로 해 줄래?	스케일, TV의 소리 등
뛰지 마!	걷자꾸나	해도 괜찮은 일
위험해!	멈춰!	구체적으로
위험하니까 안 돼!	엄마는 다칠까봐 걱정되는데	감정을 전달한다
	만약 다치면 오늘은 밖에 못 나가는데 그래도 괜찮아?	결과의 예측을 전달한다
빨리 준비해!	5분 안에 끝내면 앞으로 10분 놀 수 있어	이점을 전달한다
빨리 목욕탕에서 나와!	저녁 반찬은 닭튀김이야	흥미로운 정보
아, 진짜, 그러니까 엄마가 말했잖아!	어떻게 했으면 좋았을 것 같아?	질문 던지기
몇 번 말해야 알아들어!	어떻게 하면 좋을 거 같아?	구체안을 생각토록 격려한다
(흘리면) 주워!	당근이 도망쳤어! 잡아다줄래?	흥미를 끈다
(실패하면) 아아, 못살아!	행주로 닦으면 OK야	대처법을 전달한다
철수야 철수야! 철수얏!!	(곁에 가서 알아차리게 한다)	어깨를 가볍게 두드리는 등
도대체 언제 숙제할 거야!	숙제, 몇시부터 할 예정?	
	△시까지 하면 엄마가 도와줄게	손익

	△시까지 끝내면 포인트 덤	
이런! 친구가 기다리고 있잖아!	지금부터 몇 번 센 다음에 교대할 수 있을 것 같아?	그네 등
아 정말, 빨리 가자구!	지금부터 셋 셀 동안만 기다려줄 거야	손가락을 보인 다음 꼽는다
(형제를 때릴 때 등) 그만햇!!!	(상황 종료되면) 이제 안 하네	형제는 각각 돌본다
(넘어졌을 때) 아프지 않아, 아프지 않아, 아프지 않아요!	아팠겠구나~(^^)	공감하면 빨리 가라앉는다
(싫어 등) 그런 말 하면 못써!	그렇구나, 싫은 거구나~	감정은 부정하지 않는다
이 벽창호! 나도 몰라!	어떻게 하면 알 수 있을까 엄마한테 가르쳐 줘	모르면 묻는다
비는 안 온대, 괜찮아, 괜찮아	비 올 확률은 △% 이지만 비가 오면 ○○하면 되니까	변경 가능성과 대처법을 전달한다
사람들에게 폐가 되니 그만해!	소리가 크면 머리가 아픈 사람도 있으니까 병원에선 게임 소리 OFF로 해놓으럼	민폐의 구체적 이유와 해야 할 행동의 지시
철수얏!!!(폭발!)	(사전에) 지금 컨닝 두 번째. 다음에 또 하면 폭발합니다아	(코믹하게) 사전경고를 전달
도대체 뭘 한 거야! 바보 자식!	역시 천재야! 같이 치울까	천재를 위한 치다꺼리

육아에 지쳤을 때의 대처법

1 집안일을 줄인다
(우선순위를 정하고 목표선을 낮춘다)

2 아이로부터 떨어져 쉬면서
한숨 돌린다

3 아이의 부드러운 피부를 쓸어 보고, 가만히 지켜보고,
냄새를 맡고, 체온을 느낀다

4 아기 때 사진을 보고, 이미지를 떠올리고, 아이의 웃음
소리 녹음을 듣는다

5 감정을 바깥에다 토해 낸다
(말하고 글로 쓴다)

6 다른 사람의 케어를 받는다
(유료도 가능. 미용실, 마사지 등)

7 다른 사람에게 일을 부탁하고 쉰다
(보육/가사 대행, 배달 서비스 활용)

8 전문가에게 상담하고
카운슬링을 받는다

9 의료기관 방문
(부인과, 정신과 등)

10 '도와주세요'라고
말한다

smile

발달장애와 경계선급
3남매를 웃으면서 키우는
108가지 육아법

오바 미스즈 지음　노미영 옮김
시오미 도시유키 감수

mago
books
마고북스

처음 뵙겠습니다. 저는 세 아이 육아의 최전선에 있는 사람입니다. '엄마'라는, 세계에서 가장 동업자가 많은 직업을 갖고 있지요. 알다시피 이 직업, 연중무휴에 무보수라는 가혹한 여건이죠. 게다가 우리 아이들은 모두 키우는 데 약간의 기술이 필요한 육아 상급자용 코스의 아이들이었답니다.

▶ 육아가 순조롭지 않다?!
– '야단치는 것밖에 몰랐던' 나

큰아이가 유치원에 다닐 때 저는 다른 어머니들과 마찬가지로 아이가 잘하면 칭찬하고, 칭얼대면 달래고, 하지 말아야 할 행동을 하면 야단치며 아이를 키웠습니다.

그런데 우리 아이들로 말하자면 서툴고 덤벙대고 실패하기 일쑤여서 '잘하면 칭찬해야지!' 마음먹고 있어도 칭찬할 기회가 좀처럼 오지 않는 겁니다. 제멋대로인 데다가 고집불통이어서 아무리 인내심을 가지고 상냥하게 달래 보아도 "싫어!" 하고 끝까지 뻗대기 일쑤였죠. 잘못된 행동이나 위험한 행동에 주의를 줘도 끊임없이 같은 잘못을 저지르고요.

'평범한 육아' 방법이 전혀 통하지 않았던 저에게 떠오르는 남은 수단이란 '야단치기'밖에 없었습니다. 어쨌거나 무섭게 야단을 치면 하던 동작을 멈추었습니다. 한 대 쥐어박으면 울음을 그쳤습니다. 강제로 끌어안고 집으로 돌아오기도 했습니다.

몸단장, 유치원 등원, 공원에서 놀기, 식사, 형제간 싸움…… 등 아이들이 무언가를 할 때마다 하루 종일 야단을 치는 형국이었죠.

당시를 되돌아보면 지금도 가슴이 아프지만 그래도 매일 이를 악물고 둘째 아이와 막내인 딸을 돌보면서 죽을힘을 다해 아이를 돌봤습니다. 큰아이도 성장하면 조금은 안정되겠지 생각했었지요.

하지만 초등학교에 입학한 큰아이는 안정되기는커녕 문제행동이 더 많아졌습니다. 책가방 속은 텅 비어 있고 등하교 때 싸움질에 한자 받아쓰기 시간에는 도망치기 일쑤이고 학급 게임에 참여하지 못해 교실을 뛰쳐나왔습니다. 담임선생님에게서 거의 날마다 전화가 걸려왔습니다.

첫째에게만 매달려 있는 동안 둘째가 무기력한 모습을 보이고 아직 아기인 막내딸은 최소한의 돌봄밖에 받지 못하는 상황. 죽어라고 노력하고 있건만 '왜 나만 이토록 어려운 걸까' 하고 늘 생각했습니다.

그런 와중에 남편이 "내가 어릴 적에 이랬을지도 모르겠는걸?" 하며 보여 주었던, 때마침 일 때문에 읽고 있었던 책에 이게 웬일, 우리 집 첫째 아이의 상황이 씌어 있었습니다. 그때 '발달장애'라는 단어를 처음 알게 된 저는 왜 '평범한 육아'로는 잘 되지 않는 것인가 하고 우리 아이에 대해 품고 있던 의문이 마침내 풀리고 눈앞을 뿌옇게 가리고 있던 안개가 걷히는 느낌이었습니다.

▶ 발달장애? 경계선급?

– 잘하는 것과 서툰 것 사이에 차가 큰 '凸凹씨'

마침내 우리 아이의 상황을 깨달은 저는 그때부터 독학으로 맹렬하게 공부를 시작했습니다.

육아와 심리학 전문가, 특별지원 교육(우리의 특수교육에 해당-편집자) 관련 책, 당사자의 수기. 참고가 될 만한 것은 닥치는 대로 읽고 제가 할 만하다고 생각되는 것은 일단 실천해 보는 식으로 시행착오를 거쳤습니다. 존경하는 히가시 치히로(東ちひろ, 코칭 및 심리학 기법 응용 육아법으로 이름난 상담가-편집자) 선생님의 육아 전화 상담을 통해 카운슬링도 받았습니다.

'발달장애'라는 단어에는 ASD(자폐증스펙트럼 : 사회성/상상력/커뮤니케이션에 어려움이 있음), LD(학습장애 : 듣기/말하기/읽기/쓰기/계산하기/추론하기에 어려움이 있음), ADHD(주의력결핍과잉행동장애 : 다동성/충동성/부주의라는 특징이 있음), DCD(발달성협조운동장애 : 전신/수족의 움직임/조정이 서툼) 등이 포함되는데 우리 큰아이처럼 각각의 특징을 동시에 가지는 아이도 많다고 합니다.

또 ASD 가운데는 지적 어려움이 없는 경우 등은 '경도(輕度)'라고 표현되기도 합니다. 그러나 본인과 주위의 어려움은 결코 가볍지 않은데다가 생활에 지장이 나타나는 경우에는 '경도(輕度)=경증(輕症)'이라고 볼 수만도 없습니다.

게다가 얼핏 본 인상만으로는 알기 어렵습니다. 때문에 우리 큰아이처럼 문제행동이 늘어난 후에야 발견되어 부적응이 될 때까지 알아차리지 못하는 경우도 많은 듯합니다.

당시, 초등학교 교실에서 울면서 뛰쳐나온 큰아이는 '발달장애'

범위 안에 있고, 둘째 아들과 딸아이, 남편 그리고 저 자신도 이른 바 '경도(輕度)/중간지대'의 어느 지점에 해당하는 '凸凹씨'였다는 사실을 깨달았습니다(이 '발달의 凸凹'이라는 표현은 『기프티드-천재를 양육하는 법(학습연구사)』이라는 책에서 스기야마 토지로(杉山登志郎) 선생이 제안했습니다. 매우 아름다운 배려를 담은 낱말이어서 이 책에서는 발달장애 특징을 가진 어린이에 대해 진단 여부에 관계없이 '凸凹씨'라고 지칭하겠습니다).

'장애'가 될지 아닐지는 凸凹의 정도뿐만이 아니라 주위 환경과의 격차 즉, 본인이 그 커뮤니티(학교, 유치원, 지역 등)에 적응하고 있는지에 따라 결정된다고 생각합니다. 그리고 '발달의 凸凹' 차가 있지만 어떻게든 적응하고 있는 아이는 '중간지대'에 있는 셈인데 '발달장애'와 '정형정상발달(이른바 정상 아이)'의 사이를 오가고 있다고 할 수 있겠습니다.

저 나름대로 이해한 '발달장애란 무엇인가?'에 대한 대답을 한마디로 말하면 '잘하는 것과 서툰 것의 차가 큰 것'이라고 생각합니다(발달장애/중간지대의 해설은 12~13쪽의 일러스트 참조). 누구든지 특히 잘하는 것과 그렇지 않은 것이 있고 그 凸과 凹의 형태가 '개성'이라 지칭되는데 발달장애 아이는 그 개성에 따른 '발달의 凸凹' 차가 크기 때문에 '특별한 개성=특성'이 되는 것입니다.

▶ 자기 소개
- 세상 모든 엄마가 '내 아이 전문가'
저는 '라쿠라쿠(낙락한) 엄마'라는 닉네임으로 '발달장애 아이디어 지원 도구와 라쿠라쿠 연구 노트'라는 페이스북 페이지를 열고,

제가 시도해 본 것들을 육아 아이디어와 지원 도구의 공유라는 형태로 발신하는 활동을 하고 있습니다.

예전에 '말걸기 변환표' 등이 온라인상에서 화제가 된 일도 있었습니다만 지금은 아이의 발달장애 유무와 상관없이 1만6천 명이 넘는 부모, 선생님, 지원자 분들이 저의 글이 올라오기를 기다리고 있습니다.

이 책에서도 저처럼 매일 어려운 상황에서 노력하고 있는 엄마들, 우리 아이처럼 야단맞거나 실패하기 일쑤여서 자신감을 잃게 마련인 아이들이 조금이라도 편안해질 수 있도록, 지금까지 저 나름대로 우리 아이를 돌본 노하우와 육아 아이디어를 '바닥까지 탈탈 털었다'고 할 정도로 모조리 전달했습니다.

다만 여기 소개한 방법들을 가정에서 실천해 보았더니 아이가 '학교를 엄청 좋아하게 되었다'든가 '발달장애가 나았다'든가 하지는 않았습니다. 하지만 '우리 아이 나름대로' 그리고 '저 나름대로' 어떻게든 할 수 있게 되었어, 앞으로도 어떻게든 될 것 같아, 하고 생각하게 되었습니다.

저는 양육이나 교육, 코칭, 심리학 등의 전문가가 아닙니다. 가진 것이라고는 첫째 아이가 태어난 그 순간에 강제 발행된 '부모 자격 영구 라이센스'와 운전면허증뿐입니다. 하지만 '우리 아이'에 관한 것이라면 세계 어느 누구보다도 주의 깊게 지켜봐 왔습니다.

분명 당신의 아이에 관한 것은 당신이 세계 최고로 잘 지켜봐 왔을 겁니다. 저는 모든 엄마가 '우리 아이 전문가', '우리 아이 키우기 프로페셔널'이라고 생각합니다.

당연히 저도 초보 때는 어찌할 바를 모른 채 매일 아이에게 휘둘리며 너덜너덜 무기력했습니다. 아이와 무얼 할 때마다 화만 내면서 지쳐 갔지요.

하지만 '우리 아이 다루는 요령'을 알고부터는 육아가 꽤 편안하고 즐거워졌습니다. 알고 보면 '입이 닳도록 말해도 못 알아듣는 아이'에게 알아듣게 전하는 방법은 엄청 많답니다.

이 책이 동업자 여러분께 도움이 된다면 참 행복하겠습니다.

오바 미스즈(라쿠라쿠 엄마)

우리 가족은 '凸凹씨 일가'입니다.
개성 만점 우리 가족을 소개합니다.

 🖊 아빠(연구자)

ASD와 ADHD 경향이 약간 있으며 눈 깜짝할 사이에 어디론가 사라진
다. 온후하며 사람을 좋아함. 이공계 연구실에서 기계에 둘러싸여 산다.
소년 같은 눈을 가진 중고년. 취미는 골프와 달리기, 독서.

 🖊 엄마(지은이, 아이디어 주부)

ASD와 ADD 경향이 있으며 기억의 정리와 사람 사귀는 데 서툼. 손재주
가 있고 아이디어가 끊임없이 솟아나오며 지나치게 집중하는 체질. 초등
학생 때 '선택성 침묵'(가족이나 잘 아는 사람과는 말하지만 바깥에서는
입을 열지 않는 아이)과 학교를 쉰(부등교) 경험 있음. 글쓰기와 그림 그
리기, 집안일 대충 하기가 특기. 취미는 색연필 그림과 퍼즐.

첫째 아이(남자, 초등 4학년)

ASD+LD+ADHD. 유니크하고 발상이 풍부. 잘도 움직이고 잘도 떠든다. 어렸을 때는 숫자를 엄청 좋아했고 유치원을 3년간이나 다님. 초등 1학년 때 아스퍼거증후군이라고 진단받았지만 현재는 ADHD와 LD 경향이 강함. 일반학급에 다니고 있으며 개별지도도 받고 있다. 취미는 게임과 스토리 만들기, 장난치기.

 둘째 아이(남자, 초등 2학년)

ASD의 중간지대. 착실하고 상냥한 온순형 남자. 감각 과민으로 잘 지치며 특히 청각과 촉각이 예민. 일반학급에 다닌다. 어렸을 때는 온순하고 '선택성 침묵' 경향이 있었다. 애어른 같으며 취미는 아무데나 구겨져서 만화를 보거나 음악 듣기.

 막내(여자, 유치원생)

아직 진단받지 않음. 감각 과민 경향이 조금 있음. (다른 존재를) 보살피는 것을 좋아하며 차밍함. 노래와 춤, 동물, 인형을 무척 좋아함. 활발하며 약간 기분파이지만 유치원에는 즐겁게 다니고 있음. 관찰력이 뛰어나고 상상력과 색채 감각이 풍부. 취미는 소꿉놀이와 산책, 그림 그리기.

발달장애와 경계선급 3남매를
웃으면서 키우는 108가지 육아법

1장 · 아이를 대하는 법 기본 편

2장 · 알기 쉽게 전달하는 방법 기본 편

3장 · 가정생활 연구 기본 편

4장 · 나들이를 위한 연구 편

5장 · 학교/유치원 생활 연구 편

6장 · 학습 서포트 편

7장 · 육아에 진이 빠질 때 대처법 편

아이를 대하는 법 기본 편

매일 화만 내는 상태는 아이와 부모 모두에게 무척 괴롭습니다. 저도 '오늘도 또 화를 내다 하루가 갔다…… 하아~' 하고 자기혐오에 빠져 육아에 대한 자신감을 완전히 잃고 있었습니다.

그런 제가 당시를 돌아보며 분석해 보니 부모가 화내는 이유는 두 가지. 하나는 '감정'으로 화내는 경우인데, 아이가 일방적으로 다른 사람을 공격하거나 입에 담아서는 안 될 말을 하거나 혹은 직감적으로 '이건 안 돼!'라고 생각하는 경우입니다.

다른 하나는 아이를 움직이는 '수단'으로 화내는 경우입니다. 큰 소리로 화를 내고 불쾌한 기색을 내보이고 차갑게 외면하는 등 '분위기'를 통해 생각대로 되지 않는 아이를 어떻게든 움직이려 하는 상황입니다.

두 가지가 명확하게 구분되지 않는 경우도 있지만 우선 이것을 인식하기만 해도 조금 달라집니다.

~~의외라고 생각할지도 모르지만 저는 전자의 '감정'으로 화를 내는 것은 '어쩔 수 없다'고 일단 포기하는 것으로 마음을 고쳐먹었습니다.~~

'감정'은 좋지도 나쁘지도 않습니다. 항상 온화하게 아이를 대할 수 있다면 베스트라고 생각하지만…… 엄마도 인간이잖아요. 지나치게 감정을 억누르면 엄마가 자기 자신을 공격하여 우울 상태에 빠질 수도 있습니다.

그러므로 '감정'으로 화내는 것은 '어쩔 수 없지, 어쩔 수 없어. 그럴 수 있지, 그럴 수 있어~'라고 생각하면 됩니다.

하지만 '수단'으로 화내는 경우는 다르게 접근할 방법이 있습니다.

'수단'으로 화내는 것은 실은 매우 효율이 나쁘답니다. 특히 '凸凹씨'를 대할 때는 거의 100퍼센트 에너지 낭비라고 해도 좋을 정도입니다. 왜냐하면 이 작전은 '분위기를 읽지 못하는' 사람에게는 통하지 않으니까요!(^^)

분위기를 읽을 수 있는 아이에게도 무거운 분위기는 전달될망정 정작 중요한 '무엇을 전달하고 싶은가', '어떻게 하면 좋을까' 등은 불안감과 중압감에 치여 제대로 전달되기 어렵습니다. 그 결과 같은 일로 화를 내는 일이 되풀이됩니다.

게다가 아이가 '사람을 움직이는 방법'으로 부모에게서 이것밖에 배우지 못했다면 훗날 살아가기 힘들 수도 있습니다.

그보다는 능숙하게 기분을 전달하여 주위에 이해를 구하는 방법을 체득하는 쪽이 훨씬 살아가기 좋겠지요. 우선 제가 이 방법을 체득하여 실천하고 아이에게 모델을 보여 줄 필요가 있었습니다.

'수단'으로써 화를 내어 어떻게든 아이를 움직여 보려는 시도는 더 효율 좋은 '연구'로 바꿀 수 있습니다. 여유가 없었던 시절, 그나마 갖고 있었던 '육아의 기술 카드'도 모조리 무용지물이 되어 화내는 것밖에 달리 할 수 있는 게 없었던 저도 지금은 활용 가능한 카드를 듬뿍 가지고 있습니다.

그것이 '우리 집의 경우' 지금부터 전달하려는 지원 도구이고,

① 아이를 대하는 법 기본 편

② 알기 쉽게 전달하는 방법 기본 편

③ 가정생활 연구 기본 편

④ 나들이를 위한 연구 편

⑤ 학교/유치원 생활 연구 편

⑥ 학습 서포트 편

⑦ 욱해서 감이 빠질 때 대처법 편

말걸기이고, 도구의 연구이고, 알기 쉬운 애정표현이었습니다. 알기 쉽게 전달하면 어떤 아이라도 알아듣습니다. 또 약간의 도움이나 힌트가 주어지면 아이들은 자신의 의지로 행동합니다. 그런 우리 집 나름의 연구 결과를 지금부터 전달하도록 하겠습니다.

①아이를 대하는 법 기본 편

②알기 쉽게 전달하는 방법 기본 편

③가정생활 연구 기본 편

④나들이를 위한 연구 편

⑤학교유치원 생활 연구 편

⑥학습 서포트 편

⑦육아에 진이 빠질 때 대처법 편

아이가 가진 '발달의 凸凹'을 깨닫게 되었지만 눈앞에는 문제가 산적해 있었습니다.

당시 큰아이는 한자 학습이 벽에 부딪쳐 "국어시간이 있는 날은 학교에 가기 싫어!"라며 종종 학교를 쉬거나 늦게 등교하기도 했습니다. 그런데 국어는 거의 매일 들었잖아요.(^^;;;) 매일 야단맞고 화나고 못하는 것과 집중 안 되는 것투성이어서 큰아이와 저는 완전히 자신감을 잃고 있었습니다. 그런데 가장 큰 문제는 그 '자신감 없음'에 있었습니다.

'2차장애'라는 단어가 있습니다. 발달장애 때문에 주위로부터 과도한 질책과 무이해 상태, 실패 체험 등이 계속되어 '자신감'을 잃어버리게 되면 사람을 못 믿게 되고 마음을 열지 못하며 실패를 극단적으로 두려워하고 무기력한 상태에 빠지게 됩니다. 이것을 방치해 두면 왕따와 부등교(不登校, 우리는 '학업중단' 등으로 부른다-편집자), 마음의 병 등 한층 더 심각한 사회부적응 상태에 빠지게 될 가능성이 있습니다. 당시 큰아이에게 그런 징후가 약간 보이고 있었습니다(그리고 저도 외출 등이 괴롭게 여겨졌습니다).

그런 만큼 어쨌든 아이와 저 자신의 '자신감을 회복하는 것'이 무엇보다 우선되는 과제였습니다.

발달장애 그 자체의 특성으로 인해 잘하는 것과 서툰 것이 있는

37

것은 타고난 것입니다. 즉 좋을 것도 나쁠 것도 없으므로 저는 무리하게 치료할 필요는 없다고 생각합니다. 하지만, '2차장애'는 주위의 이해와 지원으로 아이에게 '자신감을 심어 줄' 수 있으면 충분히 방지하고 개선할 수 있습니다.

'자신감'은 문자 그대로 자신을 믿는 힘입니다.

그런데 아이와 부모는 도대체 자신의 무엇을 믿으면 좋을까요. 저 나름의 답은 이렇습니다.

'자신감'이란…

· 자신이 100점이든 0점이든 부모로부터 사랑받고 있다고 생각할 수 있는 느낌
· 자신이 이 세상에 존재해도 괜찮다, 라는 안심감
· 자신이 무력하지 않으며 스스로 할 수 있다! 라는 느낌
· 자신이 주위로부터 인정받고 필요한 사람이다, 라는 느낌
· 자신을 있는 그대로 스스로 좋아한다고 받아들이는 느낌

'자신감'이 있으면 땅에 뿌리를 확실하게 내릴 수 있습니다. 다소 발달의 凸凹이 있다 해도, 아이가 인생길에서 벽에 부딪치거나 예측 불가능한 사태에 휘말려도 '그 아이 나름대로' 극복하고 재기하며 살아가는 선택을 할 수 있으므로 어떻게든 헤쳐 갈 수 있다고 생각합니다. 이처럼 '우리 아이는 어지간한 것은 어떻게든 헤쳐 갈거야'라는 느낌도 '부모의 자신감'이라고 할 수 있습니다.

이렇게 '자신감'이 생기면 '그 아이 나름으로' 안정되고 의욕도

생기게 됩니다.

그러므로 우리 큰아이가 잃어버린 '자신감'을 회복하려면 어떻게 하면 좋을지를 가장 먼저 생각했습니다.

그러기 위해 무엇을 하든 항상 '아이 본인의 자신감으로 연결되는 것은 어느 쪽일까'를 염두에 두고 선택했습니다. 물론 늘 그것이 가능하지는 않지만 아이 본인의 '자신감으로 이어질 것'을 우선시함으로써 전체적으로 좋은 방향으로 나아갈 수 있습니다.

학교에 발달장애가 있다는 것을 알릴 것인가 알리지 않을 것인가 하는 것은 학교의 이해와 지원을 얻는 쪽이 아이의 자신감 형성에 도움이 될 것이라고 판단하여 연대를 부탁했습니다. 누군가에게 상담을 할 것인지 고심한 끝에 비밀엄수 의무를 지킬 수 있는 전문가의 힘을 빌리기로 했습니다. 아이 본인에게 발달장애 사실을 말할 것인가 하는 문제는 큰아이가 스스로 자신이 주위의 다른 아이들과 다르다는 것을 알아차렸을 무렵 알렸습니다.

우리 집에서는 늘 '보다 자신감을 가질 수 있을 것 같은' 쪽을 선택해 왔습니다.

그 결과 설령 기대만큼은 아니더라도 후회한 일은 없습니다. 도대체 어떻게 하면 좋을지 알 수 없게 되었다면 '아이에게 자신감을 심어 줄 수 있는 쪽'의 길을 권해 드립니다. 엄마와 아이 모두 밝은 곳으로 나아갈 수 있습니다.

① 아이를 대하는 법 기본 편

② 알기 쉽게 전달하는 방법 기본 편

③ 가정생활 연구 기본 편

④ 나들이를 위한 연구 편

⑤ 학교·유치원 생활 연구 편

⑥ 학습 서포트 편

⑦ 욕에 진이 빠질 때 대처법 편

003 육아에서 가장 중요한 것 ▶
사랑을 알기 쉽게 전달한다

아이가 자신감을 가질 수 있게 하려면 엄마의 사랑을 항상 지속적으로 전달하는 것이 가장 중요하다는 것을 실감하고 있습니다. 그런데 아이에게 사랑을 전달하기 위한 '사랑 표현력'을 충분히 갖고 있는지는 부모 스스로의 凸凹 여부나 경험에 따라 개인차가 큰 것 같습니다. 저도 이 부분에 신경이 쓰였는데, 사랑 표현이 직접적이지는 않은 엄마였었지요.

또한 아이에게 잘 전달되는 사랑 표현은 그때그때 마음이나 몸의 컨디션에도 크게 좌우됩니다. 뿐만 아니라 사랑을 받아들이는 쪽인 아이를 보아도 민감하게 사랑을 느끼는 아이도 있지만 잘 알아채지 못하는 아이도 있습니다.

'사랑 표현이 서툰 엄마'와 '사랑을 받아들이는 데 서툰 아이'의 조합이라면 본디 가지고 있던 사랑이 가령 100퍼센트라고 해도 부모가 50퍼센트밖에 표현 못 하고 아이가 또 50퍼센트만 받아들여서 결과적으로는 4분의 1인 25퍼센트밖에 전달되지 않는 거지요. 게다가 우리 집은 형제자매 간에 삼등분되어 큰아이에게 저의 사랑이 8~9퍼센트밖에 전달되지 않았던 겁니다. 하지만, 걱정하지 마세요. '사랑 표현력'은 이제부터라도 얼마든지 배워서 몸에 붙게 할 수 있으니까요!

타고난 체질의 凸凹은 결코 '부모의 육아 탓'이 아닙니다. 그러나 아이가 이 세상을 믿을 수 있는지는 엄마의 '단 한 마디'가 제대로 전달되는지에 달려 있다고 생각합니다.

만약 아직 아이에게 '너를 정말로 사랑해!' 하는 엄마의 마음이 제대로 전달되고 있지 않다면 하루라도, 아니 일초라도 빨리 아이가 알 수 있도록 전달하세요. 타고난 발달의 凸凹이 있든 없든, 또 그것이 어느 정도인가에 관계없이 그 지점에서부터 아이의 진정한 성장이 시작됩니다(그것은 우리 집 아이들 연령대도 마찬가지라고 생각합니다).

저도 이런저런 방식으로 지속적으로 사랑을 전했더니 우리 아이들도 마침내 '그 아이 나름대로' 쑥쑥 성장하기 시작했습니다. 그 108가지 방법을 이제부터 소개하겠습니다.

내 아이에게 '용기를 내어 했던 첫 고백'. 그것이 큰아이와 저의 출발 지점이었습니다.

① 아이를 대하는 법 기본 편

② 알기 쉽게 전달하는 방법 기본 편

③ 가정생활 연구 기본 편

④ 나들이를 위한 연구 편

⑤ 학교유치원 생활 연구 편

⑥ 학습 서포트 편

⑦ 욱해서 진이 빠질 때 대처법 편

004 폭발해서 어떻게 손쓸 수가 없다! ▶
스킨십을 넘칠 정도로 많이 한다

아이에 대한 사랑 고백의 첫걸음 - '사랑을 알기 쉽게 전달하는' 방법 - 가운데서도 우리 집에서 특히 효과가 뛰어났던 것이 스킨십입니다.

곁을 지나칠 때마다 머리 쓰다듬기. 어깨에 손을 올리면서 말 걸기. 무릎 위에서 숙제하도록 해 주기. 드러누워 아이의 소파가 되어 주기. 마주칠 때마다 손가락으로 쿡쿡 가볍게 찌르기. 숙제하기 전 간질이며 놀기. 발등 위에 아이 발을 올려놓은 채 걸어서 목욕탕까지 데려가기. 아침에 간질여서 깨우기. 뺨이나 배를 부드럽게 문지르기. 손 잡기. 뺨을 맞대고 부비기. 손으로 붙들어서 움직임을 가르쳐 주기. 엄마를 마음대로 만지게 해 주기. 특별한 이유 없이 안아 주거나 업어 주기. 매일 매일의 생활 가운데 아주 조그만 접촉으로 우리 아이들은 기뻐하고 안심하고 안정감을 가집니다.

그런 시간이 쌓이면서, 무언가 문제가 있을 때마다 엄청난 소동을 일으키곤 했던 큰아이가 이제 집에서는 '손쓸 수 없이 폭발하는' 심한 짜증은 거의 내지 않게 되었습니다. 여전히 트러블은 일어나지만 기분을 전환하거나 회복하는 데 걸리는 시간도 짧아지고 있습니다.

둘째 아이는 적극성이 생겨서 활발해졌으며 딸아이는 아기 때부

터 사랑이 넘치는 모습이어서 제가 오히려 안정감을 얻을 정도입
니다(아이에 따라 접촉을 꺼려하는 신체 부위도 있어 무리가 안 되는 곳
부터 시작하여 서서히 범위를 넓혀 갔습니다).

이전에 비해 아주 조금씩 의식적으로 스킨십 '테스트용 양 늘리
기'를 해 보았습니다. 일상생활 속에서 아이에게 터치하는 회수를
기준 시점에 비해 '3퍼센트 증가 → 5퍼센트 증가 → 8퍼센트 증가
→ ……' 식으로 무리가 되지 않는 범위 내에서 서서히 늘려 갔더니
점점 몸이 익숙해져 나중에는 자연스러운 일상사가 되었습니다.

뿐만 아니라 우리 아이들을 매일 열심히 만졌더니 손끝이 늘 따
끈따끈해 저의 냉한 체질이 개선되고 멘탈 면의 안정에도 도움이
되었습니다.

우리 아이들은 차차 표정부터 달라지기 시작했답니다.

① 아이를 대하는 편
기본 편

② 알기 쉽게 전달하는
방법 기본 편

③ 가정생활 연구
기본 편

④ 나들이를 위한
연구 편

⑤ 학교유치원 생활
연구 편

⑥ 학습 서포트 편

⑦ 육아에 진이 빠질 때
대처법 편

005

다른 사람의 말을 전혀 듣지 않는다! ▶
아이의 이야기를 부정하지 않고 들어 주고 공감한다

엄마가 "너를 정말 사랑한단다"라고 말하더라도 아이가 듣고 있지 않다면 알아챌 수 없습니다. 다른 사람들의 말에 귀를 기울이지 않는 큰아이는 강한 호기심과 부주의성, 한쪽으로 치우친 흥미뿐만 아니라 '알아주지 않는다'는 불안과 불만까지 있어서 자신을 알아줄 때까지 일방적으로 계속 떠들어댄 것으로 생각됩니다.

'이 사람은 나를 부정하지 않아', '받아들여지고 있어'라는 안심감이 생기자 비로소 상대방의 제안을 받아들이는 공간이 생겼습니다. 남의 이야기에 귀를 기울이지 않는 아이뿐만 아니라 모든 아이들이 마찬가지이겠죠.

가능한 범위 안에서 스킨십을 늘려 가는 동시에 '상대의 이야기를 부정하지 않고 들어 주고 공감해 주는' 것에서부터 저는 아이와의 신뢰관계를 다시 만들어 갔습니다.

상대의 이야기를 부정하지 않고 공감하여 들어 주는 것을 '경청'이라고 합니다. 경청은 전문 카운슬러라면 몸에 배어 있는 테크닉으로 저 자신도 카운슬링을 받는 가운데 안심감을 실감하고 아이들의 이야기도 '경청'하자고 마음먹었습니다.

그러자 예전에는 제가 말하는 것이 한쪽 귀에서 다른 쪽 귀로 빠져나가갔던 큰아이가 조금씩 듣는 귀를 가지게 되고, 일방적으로 쏟

아내기만 하던 말이 대화를 주고받는 것으로 변화해 갔습니다. 또한 수줍어서 말이 입 밖으로 나올 때까지 시간이 걸렸던 둘째 아이도, 제가 확실하게 아이의 말을 기다려 줌으로써 차차 막힘없이 말을 할 수 있게 되었습니다.

저도 익힐 수 있었던 '경청'의 기술을 정리하면 다음과 같습니다.

· 맞장구를 친다

이야기를 들으면서 "그렇군", "그래그래", "그렇구나~", "어머나", "그래서 어떻게 되었어?" 등등 맞장구를 칩니다. 동시에 아이의 눈을 보며 끄덕거린다든지, 미소 띤 얼굴로 따뜻한 눈길을 보낸다든지, 흥미진진하다는 듯 바싹 다가앉아서 이야기하기 좋은 분위기를 만듭니다.

· 기분에 공감한다

아이가 화를 내는 일에 대해서는 "화날 만한 일이네, 그럴 것 같아", 기뻐하는 일에는 "정말 잘됐네~!", "엄마도 기뻐" 등 되도록 함께 화내고 웃고 울며 공감함으로써 '편'이 되어 줄 수 있습니다.

· 네거티브한 감정도 부정하지 않는다

"○○ 녀석, 정말 싫어!"라든가 "학교 따위 폭발해 버리면 좋겠어!" 등 어찌 받아들여야 되나 싶은 것도 일단 "그러니~, 그 정도로 싫은 거로구나~" 하고 기분은 긍정해 줍니다. 싫은 것도 솔직하게 말할 수 있는 것이 중요한 거니까요.

45

· 긍정적인 접촉을 해 가면서 듣는다

이야기를 들으면서 등을 쓸어 준다, 손을 잡는다, 머리를 끄덕끄덕 한다, 가볍게 리듬을 타면서 등 같은 곳을 톡톡 두드린다, 껴안은 채 이야기를 듣는다, 곁에 앉아 듣는다 등 언어뿐만 아니라 태도도 덧붙입니다.

· 되들려주기, 흉내내기

"(게임 캐릭터 중) ○○과 △△를 합성하면 XX로 진화하는 거야" 등 엄마에게는 밑도 끝도 없는 이야기를 "그러니, ○○과 △△를 합성하면 XX로 진화하는 거구나~"라고 되풀이해 주면 아이는 제대로 전달되었다고 생각하여 안심합니다.

· 이야기를 끝까지 듣는다. 중간에 조언하지 않는다

이야기 도중에 끼어들지 않고 한마디 하고 싶은 것도 참습니다. 어떻게든 말하지 않으면 안 될 것 같은 이야기는 아이의 말이 일단 끝난 다음에 "그러니, 알겠구나. 하지만 엄마는 이렇게 생각이 되네", "엄마라면 이렇게 할 것 같아"라는 형태로 전달합니다.

'가능한 범위에서'라도 괜찮으니 엄마가 잘 듣는 상대가 되어 주면 아이는 마음을 잘 열고 상대가 말하는 것도 잘 받아들이게 됩니다.

① 아이를 대하는 뇌 기본 편

② 알기 쉽게 전달하는 방법 기본 편

③ 가정생활 연구 기본 편

④ 나들이를 위한 연구 편

⑤ 학교·유치원 생활 연구 편

⑥ 학습 서포트 편

⑦ 육아에 진이 빠졌을 때 대처법 편

006 실패투성이에 트러블 행진 ▶ 당연한 일도 칭찬한다

잘하는 것과 서툰 것 사이의 차가 큰 아이에게 잘하는 쪽을 부모가 기준으로 삼으면 '왜 이런 것도 못하는 거지?!'라고 생각하게 됩니다.

제 경우도 큰아이가 '해내면 칭찬해 줘야지!'라고 생각했지만 칭찬할 기회가 좀처럼 오지 않았습니다. 그런데 타고난 凸凹 부분은 본인의 노력만으로 해결하기 어려운 것이어서 아이는 괴롭습니다.

저는 '칭찬 라인'을 오목한 부분에 맞춰 가능한 한 낮추었습니다. 그렇게 해서 다른 아이들에게는 당연한 것처럼 보이지만 제 아이가 할 수 있는 것, 노력하고 있는 것에 저의 시선이 가도록 습관을 들였습니다. 또 제가 '아이는 ○○해야 한다'는 기존의 육아 이론이나 상식에 매달리는 한 '경청'하고 '칭찬 라인'을 낮추어도 아이의 바람직하지 못한 행동이 여전히 눈에 밟혀서 부지불식간에 야단치고 싶어집니다. 잘못된 행동을 할 때 가르치는 것은 중요하지만 세세한 것까지 매일매일 주의를 주다 보면 아이는 자신감과 의욕을 잃고 거꾸로 부주의성이 높아지고 맙니다. 저는 '우리 아이 나름대로 괜찮아'라고 깨닫게 되면서 사안을 대하는 시각도 변하게 되었습니다.

다치거나 생명에 관한 것, 사람으로서 해서는 안 될 일(예를 들어 높은 곳에서 뛰어내리거나 불장난, 상대방의 인격이나 존재를 부정하는 폭언과 폭력), 주변에 크게 폐를 끼치는 것(예를 들어 병원이나 공공장소에서 크게 소란을 피우는 것) 외는 '대범하게 봐도 된다'고 생각합니다. 그리고 당연하게 보이는 일에도 "고마워", "애썼어"라고 말해 줍니다.

예를 들어, 우리 집의 경우는……,

· 당연한 일도 칭찬하고 인정한다

등교를 했다, 숙제를 했다 등 일견 당연해 보이는 일을 "애썼구나" 하고 분명히 말로 표현하여 칭찬하고 인정합니다. 전원 참가하는 행사나 이벤트 등은 그 장소에 있었던 것, 소란을 피우지 않고 한 귀퉁이에 앉아 있었던 것만으로도 "참 잘했다"고 칭찬합니다. 전체의 진행에 크게 폐를 끼치지 않았다면 충분히 노력한 것입니다.

· 과정이나 그 과업에 집중한 기분을 평가한다

'상을 받았다'와 같은 결과가 아닌, '많이 연습했었지' 등 노력한 과정을 보고, 도중에 포기한 일도 '도전했다', '시작했다', '조금이라도 시도해 보았다' 등 노력한 마음가짐을 칭찬합니다.

· 할 수 있게 된 부분을 평가한다

테스트에서 90점을 받았다면 실패한 10점은 보지 않습니다. 만약 10점이었다면 해낸 부분과 정성껏 쓴 부분, 도중까지 해답을 채워 넣었다, 어쨌거나 시험을 치렀다 등 "이 부분은 해내고 있구나"라고 칭찬하고 인정하여 그 사실을 일깨워 줍니다. 10점짜리 시험

성적이라도 해낸 부분을 아이 자신이 분명하게 인식하여 자신감이 붙게 되면 점수도 점점 올라가게 됩니다.

ㆍ아이를 잘 지켜보고 있고 관심을 갖고 있음을 전달한다

늘 아이를 잘 관찰하여 "○○가 마음에 드는가 보구나", "요즘 □□의 이야기를 자주 하는구나" 등 아이가 흥미와 관심을 보이는 일이나, "지금 △△를 하고 있구나" 등 아이가 수행하고 있는 것을 때를 놓치지 않고 말해 줍니다. "머리카락이 길었구나"라거나 업었을 때 "와, 무거워졌는걸!" 등 아이의 성장이나 변화에 항상 관심을 가지고 있다는 것을 전합니다.

ㆍ조금이라도 타협이 되면 고마움을 전한다

아이가 식사 때에 게임 등에 빠져 있다가 마지못해서일망정 일단 손을 떼면 "고마워, 도움이 됐어"라고 전하고, 일단 자리에 앉거나 일어나서 돌아다니다가도 제자리로 돌아왔을 때 등 조금이라도 타협이 되었을 때는 "앉아 줘서 고마워"라고 감사의 뜻을 전달한다.

ㆍ좋지 않은 행동도 중단하면 칭찬한다

형제간 싸움으로 동생을 때리고 있다면 "그만해!"라고 강하게 말하겠지만 그 말을 듣고 멈추었다면 "이제 안 하는구나" 하고 인정합니다(동생은 따로 돌봅니다). 설령 좋지 못한 행동을 했더라도 그것을 중단했을 때 "이제 안 하는구나" 하고 그 지점을 분명하게 직시해 줍니다.

① 아이를 대하는 편 기본 편

② 알기 쉽게 전달하는 방법 기본 편

③ 가정생활 연구 기본 편

④ 나들이를 위한 연구 편

⑤ 학교/유치원 생활 연구 편

⑥ 학습 서포트 편

⑦ 욕에 진이 빼질 때 대처법 편

이렇게 하면 좋지 못한 행동도 일찌감치 그만두거나 횟수가 줄어들게 됩니다. 게다가 완고한 원칙론에서 해방되면 부모 스스로도 정말 마음 편히 살아갈 수 있게 됩니다.

① 아이를 대하는 편 기본 편

② 알기 쉽게 전달하는 생활 기본 편

③ 가정생활 연구 기본 편

④ 나들이를 위한 연구 편

⑤ 학교/유치원 생활 연구 편

⑥ 학습 서포트 편

⑦ 육아에 진이 빠질 때 대처법 편

007

이것도 안 되고 저것도 못해! ▶

과제는 하나씩 다룬다

어른에게는 간단해 보이는 동작도 아이에게는 복잡한 움직임의 연속으로 잘 안 된다든가 집중하기 어려운 경우가 있습니다. 게다가 부모가 많은 것을 한 번에 요구하면 칭찬할 기회가 좀처럼 생기지 않습니다.

예를 들어 한자 따라쓰기 숙제를 '자세를 바르게 해서／ 정성스런 글씨로／ 저녁 먹기 전에／ 전부 마치게 해야 한다'라고 생각하고 '전부 다 하면 칭찬해야지'라고 생각하고 있으면 쓰기 장애가 있는 큰아이를 칭찬할 기회는 오지 않습니다. "(시간이 걸렸어도) 정성껏 썼구나", "(삐뚤빼뚤해도) 전부 마쳤구나" 하고 인정합니다.

다른 아이들을 보면 '이것도 저것도 전부 다 할 줄 아네' 하고 초조해지지만 한 가지 한 가지 한 걸음 한 걸음으로 괜찮습니다. 아이가 지금 애써 노력하고 있는 과제가 있다면 그 외의 것은 눈 딱 감고 너그럽게 평가합니다. 예를 들어,

· 학년이 바뀌었을 때는 학급에 익숙해지는 게 우선. 그 외의 일은 눈을 감는다.

- 친구들과의 일(갈등이나 싸움 등)로 머리가 가득 차 있을 때 학습이나 생활면의 일로 잔소리를 하지 않는다.
- 적응하느라 힘든 운동회 시즌이 끝나면 조금 안정된 후에 학습에서 뒤떨어진 부분을 챙긴다.
- 수행에 성공한 순간에 "다음은 ○○도 성공하면 좋겠다"고 앞서 나가 다음 과제를 말하지 않는다.

등등을 의식하고 있습니다.

'凸凹씨'의 머릿속은 항상 엄청나게 분주합니다. 그러므로 과제를 갖추려서 가능한 한 가지 한 가지씩 '성공했다!'를 실감한 후에 다음 계단으로 올라갈 수 있도록 부모가 허들을 낮춰 주도록 합니다. 그러면 조금 서툰 아이에게도 점점 자신감을 키워 줄 수 있습니다. 할 수 있는 것, 노력하고 있는 것에 초점을 맞추어 하나씩 칭찬하고 인정합니다.

② 알기 쉽게 전달하는 방법 기본 편

③ 가정생활 연구 기본 편

④ 나들이를 위한 연구 편

⑤ 학교유치원 생활 연구 편

⑥ 학습 서포트 편

⑦ 욱 아이에 진이 빠질 때 대처법 편

008 할 수 없어, 집중 못해 ▶
조그만 '해냈다!'를 늘린다

　　그럼에도 '凸凹씨'는 성공 체험을 좀처럼 쌓지 못하여 칭찬받을 기회가 늘지 않습니다. 그런 만큼 '해냈다!'를 늘려서 자신감을 키워 주는 것이 대단히 중요합니다. 그런 경우에는 과제의 과정과 양, 움직임과 작업과정을 잘게 나눕니다. 이처럼 달성하기 쉽게 스몰 스텝으로 만들어 주면 '해냈다!'를 증가시킬 수 있습니다. 예를 들어 줄넘기 연습은 '제자리에서 뛰기', '줄을 돌리기' 연습을 각각 따로 합니다. '줄을 돌리면서 넘기', '한 번만 뛰기'······ 등 잘게 과제를 쪼개면 나중에는 복잡한 움직임도 해낼 수 있게 됩니다(지금 큰아이는 홀라후프는 연속으로 능숙하게 뛰어넘을 수 있게 되었습니다). 자전거, 물구나무 서기, 리코더 등 어떤 것이든 작은 스텝부터 하나씩 밟아 가고 그때마다 칭찬하며 나아갑니다.

009 지시/명령/금지를 듣지 않는다! ▶ '말 걸기 변환'으로 전달한다!

화내지 않고도 아이가 알기 쉽고 받아들이기 쉬운 형태로 전달하는 가장 간단하고 손쉬운 방법은 일상적인 '말 걸기'를 효율이 높은 말하기 방법으로 변환하는 것이라고 저는 생각합니다. '말 걸기 변환표'는 제가 발달장애의 특성을 공부하면서 시행착오를 거치는 가운데 '우리 집 아이용 노하우'로 정착한 말 걸기를 한눈에 알 수 있는 표로 정리한 것입니다(말 걸기 변화표 일람은 14~15쪽에 게재).

【'말 걸기 변환'의 기본】

· 지시는 구체적으로, 긍정어를 써서 해도 좋은 것을 알려 준다
· 명령은 정중하게 부탁하거나 합리적으로 설명한다
· 금지는 '나'를 주어로 하여 기분을 전달한다
· 상대의 특성과 흥미, 관심에 맞춘다

이것을 아주 살짝 의식하면서 호흡을 한 번 하고 효율이 좋은 말하기 방법으로 변환해 봅니다. 이것만으로도 "사람이 말하면 좀 들어!"라고 늘 야단맞던 아이도 상대의 말에 꽤 귀를 기울여 줍니다.

우리 집의 구체적인 사례를 들어 해설하겠습니다.

(예) 뛰지 마! → **걷자꾸나**

정보는 긍정형으로 전달합니다. 우리의 뇌는 부정형의 말은 잘 받아들이지 않아서 '○○하지 마!'보다 '□□하자꾸나'라는 긍정적인 형태를 더 잘 받아들인다고 합니다.

(예) 빨리 준비햇! → **5분 안에 끝내면 앞으로 10분 놀 수 있단다**

정보가 자신에게 '득'이 되지 않으면 큰아이는 한쪽 귀로 듣고 다른 쪽 귀로 흘려 버립니다. 그래서 조금이라도 메리트가 있는 일이라면 '○○하면 □□할 수 있다'는 긍정적인 이미지를 전달합니다.

(예) 다른 사람들에게 폐가 되니 하지 마! → **소리가 크게 들리면 머리가 아파지는 사람도 있으니 병원에서는 게임기 소리를 OFF로 해 두자**

'폐가 된다' 등은 막연하여 이미지로 떠올리기 어렵지만 납득할 수 있는 합리적인 이유를 알기 쉽게 전달하면 이해해 줍니다.

(예) 시끄러! → **소리를 '이 정도 크기'로 해 줄래?**
(실제로 목소리를 작게 해서 기준을 알려 준다)
정말 이럴래! 빨리 가자구! → **앞으로 셋 셀 동안만 기다려 준다.**
(손가락으로 숫자를 보여 준다)

'조금'이라든지 '대체로' 등 애매한 표현도 알기 이려우므로 '앞으로 세 번' 등 숫자나 '여기부터 여기까지' 등 범위가 보이도록 구체적으로 전달합니다. 또한 동시에 도구나 손가락 등을 써서 시각

① 아이를 대하는 편 기본 편

② 알기 쉽게 전달하는 발달 기본 편

③ 가정생활 연구 기본 편

④ 나들이를 위한 연구 편

⑤ 학교·유치원 생활 연구 편

⑥ 학습 서포트 편

⑦ 육아에 진이 빠질 때 대처법 편

적으로 전달하면 한층 더 알기 쉽습니다.

(예) 비는 안 올 거야, 괜찮아, 괜찮아 ♪
→ 비 올 확률은 △퍼센트이지만 만약 비가 오면 학교에 둔 예비우산
쓰면 되니까 걱정 마

예측하는 게 서툰 경우는 미리 가능성을 전달하고, 실패를 두려
워하는 경우는 대처법을 전달함으로써 아이를 안심시킬 수 있습니다.

(예) (흘렸을 때) 주워! → 당근이 도망갔어! 체포해 줄래?
빨리 목욕탕에 들어갓! → 저녁 반찬은 닭튀김이야

깜빡깜빡 잘 잊거나 한 가지에만 푹 빠지는 아이라면 좋아하는
것에 비유하거나 퀴즈로 내거나 유머를 섞으면 귀 기울여 듣습니
다. 아이가 흥미를 가진 것이라면 받아들이기 쉽습니다.

(예) ○○야! ○○야! → (옆에 가서 가볍게 어깨를 두드려서 시야에 들어
오도록 하는 방법 등을 써서 알아채게 한다)

지나치게 집중하는 경향의 아이가 푹 빠져 있을 때는 멀리서 큰
소리로 불러도 알지 못합니다. 가까이 다가가서 말합니다.

(예) (싫어 등) 그런 말 하면 못써! → 그렇구나~ 싫은 거구나~
위험하니까 안 돼! → 엄마는 네가 다칠까 봐 걱정되는구나

어떤 경우에도 아이 본인의 감정과 감각만큼은 부정하지 않고
되도록 공감하고 아이 편이 되어 줍니다. 뿐만 아니라 '아무리 그
렇더라도 이건 좀 아닌 것 같은데'라고 생각되는 일에는 '엄마는

이렇게 생각한다'는 '나 메시지'로 전달합니다.

(예) 그러게 내가 뭐랬어!! → **어떻게 했으면 좋았을까(질문)**

몇 번 말해야 알아듣겠니?! → **어떻게 했으면 좋았을 거라고 생각하니?(구체적인 방안을 생각하게끔 한다)**

임기응변으로 상황을 판단하는 데 서툰 아이에게는 기억의 단서를 제공하거나 아이의 사정이나 생각을 물어봄으로써 스스로 적절한 행동을 판단할 수 있도록 유도합니다.

할 수 없는 것, 실패한 것을 책망하는 대신 함께 과정을 살펴봅니다. 저는 아이가 하지 못하는 것, 서툰 것이 많은 만큼이나 할 수 있는 것, 잘하는 것도 많다고 생각합니다.

그리고 조금이라도 해낸 것이나 집중한 느낌, 아이 자신을 기준으로 한 발전에 초점을 맞춰서 "해냈구나!"라고 인정하거나 "고마워", "힘이 되는구나"라고 감사하는 기분을 전달하면 그 상황에 맞는 적절한 행동을 취할 수 있는 능력이 키워집니다.

또 한 가지 중요한 것이 있습니다. '말 걸기 변환표'를 보신 분들에게서 "나는 before의 말 걸기만 하고 있었다. 반성해야겠다"라는 얘기들이 나왔습니다. 하지만 before의 말 걸기는 결코 '잘못된 엄마의 예'가 아니라 '필사적으로 노력하고 있는 엄마의 예'입니다. after의 말 걸기는 '좋은 엄마의 예'가 아닙니다. '효율 높게, 조금 편하게 노력하고 있는 엄마의 예'입니다.

아이가 알아듣기에 효율이 높은 말로 변환할 수 있건 아니건 엄마가 노력하고 있다는 사실에는 변함이 없습니다. 먼저 엄마 자신

① 아이를 대하는 편 기본 편

② 글기 쉽게 전달하는 방법 기본 편

③ 가정생활 연구 기본 편

④ 나들이를 위한 연구 편

⑤ 학교우주적인 생활 연구 편

⑥ 학습 서포트 편

⑦ 욱여에 진이 빠질 때 대처법 편

에 대한 허들의 높이를 낮추는 것이 중요합니다.

그렇게 하면 아이의 좋은 면을 바라보게 되는 만큼 '변환 능력자'가 되기도 쉽습니다. 그리고 지시/명령/금지를 따르기 어려운 '凸凹씨'가 알기 쉽고 받아들이기 쉬운 전달법은 다른 아이나 어른들 역시 알기 쉽고 받아들이기 쉽다는 것을 생각해 보세요.

또한 '말 걸기 변환표'는 어디까지나 '우리 집'의 예에 지나지 않습니다. 내 아이의 반응을 불러일으키는 방법을 가장 잘 아는 엄마가 아이와 각 가정의 사정에 맞추어 시행착오를 겪으면서 각 가정만의 오리지널 '변환표'를 만들어 가면 됩니다.

① 아이를 대하는 편 기본 편

② 알기 쉽게 전달하는 방법 기본 편

③ 가정생활 연구 기본 편

④ 나들이를 위한 연구 편

⑤ 학교/유치원생활 연구 편

⑥ 학습 서포트 편

⑦ 욱어에 진이 빠질 때 대처법 편

010 우리 아이 서포트 방법을 모르겠다! ▶
'안심시킨다'가 서포트의 기본

'凸凹씨'는 신체 감각이 대단히 민감한 경우가 많은 것 같습니다. 시각/청각/촉각/미각/후각, 나아가 자신의 신체 폭과 움직임을 파악하는 보디 이미지, 몸의 기울기를 조절하는 밸런스 감각 등 '감각'의 어느 지점 혹은 몇 개 지점에 정보 수취가 원활한 부분과 둔감한 부분의 불균형이 존재합니다.

이러하면 기본적인 일상생활의 부담이 커서 태어나면서부터 불안으로 가득 차 있게 됩니다. 예를 들어 꽃가루 알레르기를 앓는 사람에게 봄철이, 여성에게 임신기간이 끝없이 지속되는 상태를 상상해 보십시오.

저는 일상에서 아이를 잘 관찰함으로써 그 아이의 '감각'이 어느 부분에서 예민한지 알아 가게 되었습니다. 그리고 우리 아이가 하는 행동을 '성마름'이나 '나쁜 아이' 등 성격이나 인격으로 판단하지 않고 '어떤 부분이 어려운 걸까', '무엇 때문에 곤란을 겪고 있을까'라고 곤란을 겪는 작업이나 행동이라는 관점에서 보게 되었습니다.

그렇게 하면 아이가 '무엇을 불안하게 여기고 있는가'를 알게 되므로 그 점을 그 아이에게 맞는 방법으로 '괜찮아'라고 전달하여 안심시켜 주면 되는 것입니다.

예를 들어 큰아이가 주위의 분위기를 알아채지 못하여 곤란을 겪고 있을 때는 눈으로 볼 수 있도록 그림과 글자로 써서 가르쳐 줍니다. 둘째 아이가 소음에 지쳐 있을 때는 조용한 장소에서 혼자만의 시간을 가질 수 있도록 해 줍니다. 막내딸이 안절부절못하며 안정되지 못하면 원하는 만큼 피부 접촉을 하고 안아 줍니다.

그렇게 매일 조금씩이라도 '이 세상은 안심해도 좋은 곳이야'라고 가르쳐 주는 것이 그 아이 나름대로 사람이나 세상에 마음을 열어 갈 수 있는 지원법이 된다고 생각합니다.

그리고 어떤 유형의 아이도 엄마의 사랑이 알기 쉽게 전달되면 안심합니다. 마음이 놓이면 조금 안정되어 집중할 수 있습니다. 이렇게 해서 조금이라도 해내는 것이 생기면 그것이 '자신감'으로 연결됩니다. 또 '자신감'이 붙으면 스스로 한 걸음씩 나아갈 수 있습니다. 그렇게 하는 동안에 그 아이의 세계가 차차 넓어지게 되는 것입니다.

①아이를 대하는 편 기본 편

②알기 쉽게 전달하는 방법 기본 편

③가정생활 연구 기본 편

④나들이를 위한 연구 편

⑤학교유치원 생활 연구 편

⑥학습 서포트 편

⑦육아에 지쳐 빠질 때 대처법 편

011 환경 만들기 ① ▶ 정보에 '개폐장치'와 '경비원'을 붙인다

아이와 엄마가 안심하고 생활할 수 있도록 우선 집 안 환경을 정비합니다. 정보의 양을 가능한 범위에서 의식적으로 조절하면 아이가 조금 안정될 수 있습니다.

여기서 '정보'라 함은 텔레비전이나 인터넷에서 흘러나오는 뉴스와 화제뿐만 아니라 감각이 예민한 아이가 과잉 흡수하는, 일상생활에 넘쳐흐르는 소리와 빛, 색, 기온, 기압, 맛, 냄새, 피부 자극, 진동, 흔들림과 기울기 등 감각을 자극하는 것 모두를 가리킵니다.

예를 들어 저는 컴퓨터에서 그래픽 소프트웨어를 종종 사용하는데 메모리 부족으로 컴퓨터가 버벅댈 때는 다른 메일 소프트나 웹브라우저를 종료시켜 봅니다. 그와 마찬가지로 일상생활에서 제멋대로 파고들어온 정보를 '설정' 등으로 조절하면 대량의 정보를 한꺼번에 처리하지 못하는 아이의 부담을 줄여서 조금 운신하기 쉽게 해 줄 수 있습니다.

저는 아이가 좋아하는 텔레비전이나 게임까지 뺏을 필요는 없다고 생각합니다. 하지만 '보고 있지 않을 때는 꺼 둔다'라는 매우 기본적인 사항을 의식하여 집 안에서도 정보의 총량을 가능한 범위에서 줄입니다. 선별 과정 없이 알게 모르게 대량으로 흘러 들어오는 정보에 각각 '개폐장치'를 붙여서 컨트롤할 수 있도록 하는 이

61

미지를 떠올리면 됩니다.

단 뭐든지 에너지 절약 설정이면 좋다는 것은 아닙니다. 불빛이나 배경음악 등 아이 본인이 줄곧 켜 놓거나 틀어 놓는 쪽이 안정되고 안심되는 경우도 있으므로 쾌적함의 정도를 확인하면서 조절해 갑니다.

또한 '凸凹씨'의 특징에는 감각의 과민함 외에 신체 사용이 서툴다, 보디 이미지가 약하다, 균형감각이 약하다, 시야가 좁다 등의 특징이 있을 수 있고, 이것들이 원인이 되어 부주의와 깜빡 실수, 돌발 행동이 눈에 띄게 됩니다. 그래서 아기 때 쓰던 안전용품 등을 사용하여 안전을 확보하기도 합니다.

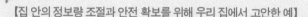

【집 안의 정보량 조절과 안전 확보를 위해 우리 집에서 고안한 예】

· 텔레비전과 게임은 보고 있지 않거나 사용하고 있지 않을 때는 끄거나 소리를 줄인다.

· 텔레비전과 게임기의 휘도와 콘트라스트를 설정하여 눈부시지 않도록 조정한다.

· 게임기나 PC의 디스플레이 화면에 블루라이트 차단 필름을 붙인다.

· 커튼을 활용하여 실내의 빛 양을 아이 취향에 맞춰 그때그때 조절한다.

· 조광/조색 기능이 있는 조명을 택하거나 전원에 조광기(dimmer)를 부착한다.

· 이웃의 소음이 신경에 거슬릴 때는 이중창과 차음 커튼 등을 써서 대책을 마련한다.

· 바닥 소리가 울릴 때는 방음 매트나 두꺼운 카펫을 깐다.

· 흔들리는 가구는 동전이나 내진 고무, 받침목 등으로 괸다.

① 아이를 대하는 편
기본 편

② 알기 쉽게 전달하는
생활 기본 편

③ 가정생활 연구
기본 편

④ 나들이를 위한
연구 편

⑤ 학교유치원 생활
연구 편

⑥ 학습 서포트 편

⑦ 욱아에 진이 빠질 때
대처법 편

· 싫어하는 냄새나 자극이 강한 냄새가 나는 곳을 밀폐한다.
· 공기청정기를 활용한다.
· 가구와 의자 쿠션의 딱딱한 정도와 소재를 체크한다.
· 책상 모서리에 코너 가드, 도어 틈에 손가락 끼임 방지 가드를 부착한다.
· 유리컵이 들어 있는 식기 선반에 벨트를 건다.
· 아빠의 약 등 손대지 말아야 할 것은 높은 곳에 월 포켓 등을 매달아 보관한다.
· 차일드 록 장치(어린이 보호 잠금장치)가 있는 가전제품과 온도 센서가 부착된 전열기 등을 활용한다.
· 유리에는 비산 방지 필름을 붙인다.
· 계단 끝에 형광 테이프를 붙인다(1쪽).
· 원예용 가위 등 날카로운 물건을 넣어 둔 곳에는 열쇠를 채운다.

이처럼 매우 기본적인 것부터 새롭게 체크해 봅니다.

손쉽게 할 수 있는 것부터 시도하되 전부 다 하지 않아도 괜찮습니다. 아이를 '무균 배양', '온실 양육'할 필요는 없다고 생각할뿐더러 가족의 즐거움이나 쾌적함까지 제한할 필요는 없습니다. 아이의 풍부한 감각에 가능한 공감하고 작은 배려를 해 주면 알게 모르게 부담이 되었던 정보량이 전체적으로 줄어듭니다.

정보는 의식하면 어느 정도 컨트롤할 수 있습니다. 또한 안전 물품을 활용하면 아이가 다소 활발히 움직여도 가족도 (조금은) 안심하고 지낼 수 있습니다. 그렇게 하면 모두가 쾌적한 상태에서 맘 편히 행동할 수 있습니다.

012

환경 만들기 ② ▶
'우리집 마크'로 집 안 환경 교통정리

배리어 프리(barrier free, 고령자나 장애인들도 살기 좋은 사회를 만들기 위해 물리적 제도적 장벽을 허물자는 운동 - 편집자)나 유니버설 디자인(모든 사람을 위한 디자인)은 장애가 있는 사람이나 고령자 혹은 외국인도 사용하기 쉽고 알기 쉽게 설계된 것입니다. 물론 그렇지 않은 사람들에게도 안전하고 알기 쉽습니다. 집 안도 마찬가지로 '凸凹씨 눈높이'를 기준으로 배리어 프리 그리고 유니버설 디자인화를 시도해 봅니다.

특히 '눈에 보이도록 해 놓으면 쉽게 아는' 큰아이에 대한 배려는 동생들이나 친구들에게도 알기 쉽습니다. 때문에 '우리집 표지'(1쪽 2)라는 수제 마크를 만들었습니다.

큰아이가 어렸을 때 『찾아봐요! 마크 그림책』이라는 제목의 마크와 표지 도감을 무척 좋아해서 너덜너덜해질 때까지 가지고 다니며 보물처럼 아꼈습니다. 또한 저의 위압적인 지적／명령／금지는 따르지 않았지만 마크나 표지가 있으면 주의를 기울이는 모습을 보고 집 안에도 마크를 설치하자고 생각했습니다.

제가 아이패드에서 손 그림으로 디자인한 것을 프린트하여 화장실과 쓰레기통, 비상구 등에 붙이고, 만지지 않아야 할 곳에는 주의나 확인 마크에 메시지를 더하여 붙였습니다. 아이는 무척 좋아했고 덕분에 알기 쉬워진 것 같습니다.

지금은 아이 스스로 다른 가족이 만지지 않았으면 하는 물건에 '주의!' 마크를 그려서 붙이곤 합니다. 친구들이 집에 처음 놀러 왔을 때도 "화장실은 어디에요?" 하고 묻지 않아도 알 수 있으므로 마음 편히 사용할뿐더러 흥미 가득한 눈으로 마크를 쳐다봅니다.

또 이미지를 스마트폰 등에 저장하여 '쉿!', '손을 잡아요' 등의 마크를 외출 장소에서 보여 줄 수 있습니다. 이렇게 하면 의외로 순순히 말을 잘 들어주기도 합니다. 다이소 등 생활용품점에서도 이런 스티커를 살 수 있습니다.

이러한 시도의 가장 큰 장점은 집 안이 매우 즐거운 느낌이 된다는 것입니다. 또 제가 잔소리를 하는 횟수도 줄어들어서 가정의 분위기도 밝아집니다. '凸凹씨 눈높이'에 맞춘 배려에 가볍게 놀이를 즐기는 마음을 보태면 부모와 아이 모두 생활이 부드러워집니다.

① 아이를 대하는 법 기본 편

② 알기 쉽게 전달하는 방법 기본 편

③ 가정생활 연구 기본 편

④ 나들이를 위한 연구 편

⑤ 학교·유치원 생활 연구 편

⑥ 학습 서포트 편

⑦ 육아에 진이 빠질 때 대처법 편

013

'사용법 카드'로 스스로 해결

저는 '도구는 친구'라고 생각합니다. 서툰 작업을 도와주는 소중한 파트너인 거죠. 우리 집에서는 아이가 자주 사용하는 가전제품 옆에 '사용법 카드'를 만들어 걸어 두었습니다. 우리 집 가전제품에 맞춘 간단한 조작법이 씌어 있지요(2쪽 3).

가령 전화라면 자주 통화하는 번호에 거는 방법과 간단한 대화의 예, 또 둘째 아이를 위해서는 스스로 익숙해질 때까지 활용하도록 대화 메모도 만들어 주었습니다. 지금은 첫째와 둘째 아이 모두 스스로 전화를 걸 수 있게 되어 친구들과 노는 약속도 스스로 불편없이 할 수 있게 되었습니다. 또 텔레비전과 에어컨의 리모컨 등은 중요한 단추에 매직펜으로 써넣든지 색인을 붙이면 좋습니다. 일러스트로 표현하기 어려울 때는 가전제품 사용설명서나 생활도감 등에서 알기 쉬운 그림을 복사하여 자른 다음 붙여서 활용하면 됩니다.

① 아이를 대하는 편 기본 편

② 알기 쉽게 전달하는 방법 기본 편

③ 가정생활 연구 기본 편

④ 나들이를 위한 연구 편

⑤ 학교유치원 생활 연구 편

⑥ 학습 서포트 편

⑦ 욕아이 진이 빠졌을 때 대처법 편

014 환경 만들기 ④ ▶
타이머와 알람을 활용한다

변화에 대한 대응이나 예측이 잘 안 되는 '凸凹씨'는 많을 것으로 생각되는데 생활을 가능한 한 규칙적으로 패턴화하면 기분도 더 잘 안정됩니다.

부모의 단계적인 말 걸기도 중요하지만 우리 집에서는 타이머와 알람도 함께 활용하고 있습니다. 기분 전환이 서툰 큰아이나 '천천히 마이 페이스'인 둘째 아이가 지금 하고 있는 일을 좀처럼 끝내지 못할 때 "앞으로 몇 분 지나면 끝날 것 같아?" 등 사정을 물어보고 난 다음 타이머를 설정하면 아이들은 정해진 시간에 맞추려 노력하기도 합니다. 특히 시간이라는 '눈에 보이지 않는 것'이 보이도록 시각화된다는 점에서 추천합니다.

'타임 타이머' 등 남은 시간이 게이지로 표시되는 타이머가 시판되고 있으며, 스마트폰이나 태블릿의 타이머 앱도 비슷한 것들이 있습니다. 모래시계나 오일시계 등도 매우 즐거운 시각적인 타이머입니다.

단 부모의 사정이 급하다고 타이머를 써서 안달하면 오히려 역효과가 날 수도 있는 만큼 아이의 형편을 살피고 타이밍을 물어보면서 스스로 타이머를 설정하게 하면 아이가 받아들이기도 쉽고 몰두하기도 쉽다고 생각합니다.

그리고 우리 집에서는 생활의 중요한 시점에 자동적으로 기준 알람이 울리도록 설정해 두고 있습니다. 우리 집은 아이들이 아침에 무리없이 일어나므로 기상 알람은 사용하지 않지만 등교 출발 시각을 전화기에 있는 알람 기능으로 매일 울리도록 설정해 두었습니다.

단, 이것만으로는 등교 전에 만화나 게임에 빠져 있는 상태에서 갑자기 알람이 울렸다고 해서 '강제 종료하고 바로 출발'은 어려운 만큼 "앞으로 3분 후에 (알람이) 울릴 거야", "이제 슬슬 정리할까?" 등 단계적인 말 걸기를 같이 사용해야 합니다.

실은 저도 모드 전환이 서툽니다. 컴퓨터 작업에 빠져 있으면 유치원에서 돌아오는 막내를 맞으러 가는 시각도 깜빡 잊을 때가 있어서 컴퓨터나 스마트폰의 리마인드 기능을 활용하고 있습니다. 타이머와 알람을 활용하면 깜빡깜빡 잘 잊는 사람도 자기관리를 할 수 있습니다.

015

아이들에게 손길이 골고루 가지 않는다 ▶
문어발 기술 연마!

② 알기 쉽게 전달하는 방법 기본 편

③ 가정생활 연구 기본 편

④ 나들이를 위한 연구 편

⑤ 학교유치원 생활 연구 편

⑥ 학습 서포트 편

⑦ 욱하고 집에 빠질 때 대처법 편

형제자매가 있는 가정에서 머리를 앓는 것은 '엄마의 사랑이 필
요한 아이가 하나가 아니다'라는 사실입니다. 지금도 저는 '내 카
피 로봇이 3개, 아니 4개 있었으면!' 하고 곧잘 생각합니다.

첫째 아이에게만 매달려 있었을 때는 둘째 아이와 막내가 외로
움을 탔을지도 모릅니다. 형제간 싸움이 끊이지 않아서 제가 위의
아이에게 주의를 많이 주면 서로 상관 않고 떨어져서 노는 문제가
생겼습니다.

'이렇게는 곤란해! 둘째에게도 막내에게도 확실하게 사랑을 전
달해야 돼!' 하고 분발해 보지만 첫째 아이 눈에 띄면 질투를 합니다.

그래서 문어발 작전 시행.

둘째가 형 때문에 "으엥~" 울음보를 터뜨리면 꼭 부엌으로 엄
마를 찾아서 옵니다. 그러면 가만히 몸을 구부려 안아 주면서 둘째
의 하소연을 들어 줍니다. 울음을 멈추면 "그랬구나, 그랬구나. 엄
마는 ○○를 엄청 사랑해"라고 말로 전달해 줍니다. 그러면 둘째는
배시시 웃으면서 다시 형이 있는 곳으로 돌아가 함께 놉니다.

막내는 여유롭게 돌봐 줄 시간이 부족할 수밖에 없어 '비밀 암
호'를 둘 사이에 만들었습니다. 서로 손이 맞닿았을 때 꾹! 꾹! 꾹!
하고 손을 쥐어 주고 "이건 '우리 ○○, 하늘만큼 사랑해'라는 신호

야"라고 말해 주었습니다. 그렇게 하면 아주 짧은 틈새 시간일지라도 '너무너무 사랑해'를 전달할 수 있습니다.

막내딸은 신체 접촉을 통한 정보의 접수가 빨라서 효과가 절대적입니다. 지금도 유치원에 등원할 때 실행하고 있습니다. 하지만 실은 이 암호, 세 아이 모두에게 가르쳐 주었어요(아이들에게는 비밀이지만).

아이 각자에게 걸맞은 사랑 표현방법으로 엄마가 두 갈래 세 갈래 능숙하게 되니 지금은 형제남매 간에 사이가 무척 좋습니다. 물론 싸움도 하지만요.

2 장

알기 쉽게 전달하는 방법
기본 편

016   아무리 말해도 모른다 ▶
'시각 지원'과 '시각화'를 활용한다!

큰아이가 어렸을 때 예의범절과 규칙에 대한 이해는 입이 아프게 말해도 한쪽 귀에서 다른 쪽 귀로 빠져나가는 통에 좀처럼 진전이 없었습니다.

하지만 그런 큰아이가 도로의 교통표지나 마크, 사인/심볼, 숫자, 기호 등은 무척 좋아했습니다. 제가 큰 소리로 "위험해!"라고 소리쳐도 멈추지 않았지만 도로의 빨간색 정지 표지 아래에서는 어김없이 일시정지했습니다.

아이들 중에는 대략 큰아이처럼 눈을 통해 정보를 받아들이기 쉬운 아이(시각 우위 유형)와 둘째처럼 귀를 통해 정보를 받아들이기 쉬운 아이(청각 우위 유형)가 있습니다. '다른 사람의 말에 귀 기울이지 않는다'고 평가되는 시각 우위 유형의 아이는 '눈에 보이도록' 하면 주의를 기울일 수 있고 지시 등도 쉽게 받아들입니다. 백 번 말해도 듣지 않는 일이 한 번 그림을 그렸을 뿐인데 전달되는 경우도 있습니다.

저는 '잘 전달이 안 되네' 하고 생각되면 간단한 그림을 그려서 아이에게 보여 줍니다. 그야말로 막대기 형태 사람만 그려도 충분합니다(오히려 복잡한 정보가 없는 편이 알기 쉽습니다).

거기에 '앉는다'라는 짤막한 단어나 '잘 먹겠습니다'라는 대사를 말풍선으로 써넣은 것을 보여 주면 "진짜 이럴래! 밥 먹을 때는 앉아서 먹으랬잖아! 잘 먹겠습니다는 안 하니?!"라고 매번 말하지 않아도 아이가 지시에 따라 줄지도 모릅니다.

그림뿐만 아니라 그림이나 표, 사진, 메모 등 큰아이는 전달할 내용을 시각적인 정보로 제공하면 무척 쉽게 받아들입니다. 둘째 아이는 청각 정보 수용력이 지나치게 좋아서 어느 것이 더 중요한지 선별하는 데 어려움을 겪을 때가 있습니다. 그래서 중요한 포인트에 표시를 하거나 순서 등을 써넣어 정리해 주면 안심하는 것 같습니다.

궁리하기에 따라서 전달 방법은 얼마든지 있습니다. '아무리 말해도 모르는 아이'는 '눈에 보이도록, 또박또박 가르쳐 주면 아는 아이'입니다. 우선 엄마가 그것을 마음으로부터 믿어 주는 것이 중요합니다.

① 아이를 대하는 법 기본 편

② 읽기 쉽게 전달하는 방법 기본 편

③ 가정생활 연구 기본 편

④ 나들이를 위한 연구 편

⑤ 학교·유치원 생활 연구 편

⑥ 학습 서포트 편

⑦ 욱어에 진이 빠졌을 때 대처법 편

017

하루 종일 잔소리하고 있는 느낌이다 ▶
'종이에 쓰면' 듣는 귀가 생긴다!

'늘 하는 잔소리는 종이에 쏨'으로써 매일 셀 수도 없이 같은 사안에 대해 되풀이하여 주의를 주는 상황에서 벗어날 수 있습니다. 첫째 아이 가라사대, "말은 사라져 버리니까 써서 주는 게 좋아"(둘째 아이와 제 경우는 '말이 오래 간다' 쪽입니다만……).

그래서 변기에는 '물 내렸어?'라는 쪽지를 붙여 두고, 저의 샴푸 통에는 '장난 금지!'라고 써놓았습니다. 눈길을 끄는 마크나 아이콘을 붙이면 한층 더 알아차리기 쉽지요. 늘 하는 잔소리를 붙임쪽지로 대체하면 상당한 에너지와 시간 절약이 됩니다.

또 '설교는 편지로' 하면 조금 긴 이야기도 허공에 사라지지 않고 마음에 담아 둘 수 있게 되었습니다.

다만, 이전에는 바로 소멸되므로 아무렇지도 않았던 말에 상처를 입는 일도 생겼습니다. 한자 받아쓰기와 시험에서 틀린 문제 정정하기 등에 저항감이 큰 큰아이는 '단점 지적의 시각화'에 무척 상처 입기 쉽습니다. 때문에 문장을 글로 써서 아이에게 무언가 전달하는 경우, 배려와 요령이 필요합니다. 기본은 '말 걸기 변환'과 유사합니다.

【아이에게 전달하는 문장술 요령】

· '○○하면 □□할 수 있다'라는 형태의 긍정적인 표현을 사용하여 구체적으로 쓴다.

· 합리적으로 납득이 되는 설명이나 득이 되는 점, 손해가 되는 점을 명확하게 밝힌다.

· 온화하고 상냥하며 친근한, 알기 쉬운 말을 사용한다.

· 일러스트나 도형, 유머가 있는 표현을 섞는다.

· 추상적인 표현이 아닌 구체적인 '행동'과 '대사'로 예를 든다.

· 상대방의 눈높이에서 보아서 공감적인 입장에 선다.

일일이 종이에 쓰는 것이 번거롭지만 그래도 잔소리와 설교에 소비하는 시간과 에너지에 비하면 효율이 훨씬 좋습니다.

① 아이를 대하는 점 기본 편

② 알기 쉽게 전달하는 방법 기본 편

③ 가정생활 연구 기본 편

④ 나들이를 위한 연구 편

⑤ 학교유치원 생활 연구 편

⑥ 학습 서포트 편

⑦ 욱하여 진이 빠질 때 대처법 편

018

노력하고 있는데 잘 안된다 ▶
'사물의 연구'로 약점을 보완한다

아이가 '노력하고 있는데 잘 안되는' 모습을 보면 부모로서 어떻게든 도와주고 싶은 마음이 듭니다. 그럴 때는 '사물을 연구'하여 아이에게 맞는 도구를 고르거나 개조하여 사용하기 쉽게 해 줍니다. 그렇게 약점을 보완해 주면 첫걸음이 수월해지고 마지막까지 집중하기도 쉽습니다.

먼저 '아이가 어떤 작업을 힘들어 하는가' 관찰합니다. 얼핏 의욕이 없다든가 태도가 나쁘다든가 게으름을 피우고 있는 것처럼 보이지만 작업이 순조롭게 진행되지 않아 어떻게 하면 좋을지 모를 뿐인 경우도 많습니다. 아이의 의욕이나 태도에 휘둘리지 말고 신체의 사용법이나 뇌의 정보 처리 등 '저 아이가 잘 못하는 것은 신체의 어딘가에 잘 안되는 작업이 있기 때문인지도 몰라' 하고 부모의 시각을 바꿔 보세요.

아이가 '어떤 부분에서 곤란을 겪고 있는지' 알았다면 그에 적합한 도구를 고르거나 개조하여 사용하기 쉽도록 궁리합니다. 발달 검사 등을 통해 원인을 확실하게 밝힐 수도 있지만 우리 집 큰아이의 경우는 ASD와 ADHD의 요소가 넓고 얕게 복합되어 있기 때문에 아이의 '곤경'의 원인을 특정하기 어려운 '좌절'이 많습니다.

그래서 '시행착오 방식'으로 도구의 선택과 개조를 진행했습니다, '곤란을 겪는 부분'도 아이에 따라 혹은 그때그때의 과제에 따라 다릅니다. '연필'만 보더라도 쥐는 법이 서투르다, 눌러 쓰는 압력 조절이 어렵다, 필통에 간수하지 못한다 등 과제가 각각 다릅니다.

우리 집에서는 쥐는 법을 연습할 때는 '구몬 어린이 연필 2 B'(해당 제품이 국내에 수입되고 있고, 국산 제품도 있음-편집자)라는 굵은 삼각기둥 연필을 썼습니다. 큰아이가 학교에서 연필을 자주 잃어버리고 올 때는 보통의 연필에 일련번호를 붙이거나 색깔이 갖가지여서 짝을 맞추고 싶은 마음이 드는 디자인으로 골랐습니다. 지금은 "이 팥색의 2B가 가장 쓰기 좋아"라고 하여 'uni 2B'(미쓰비시 연필)에 큰아이의 시그니처 컬러 마스킹테이프로 소유자 표시를 하여 애용하고 있습니다. 작업의 어려움에 따른 스트레스를 조금씩이라도 줄여 주도록 애쓰면 '안정되어서 수행하는' 일이 늘어나게 됩니다.

①아이를 대하는 법 기본 편

②읽기 쉽게 전달하는 방법 기본 편

③가정생활 연구 기본 편

④나들이를 위한 연구 편

⑤학교/유치원 생활 연구 편

⑥학습 서포트 편

⑦욱에 진이 빠질 때 대처법 편

019

그래도 잘 안된다, 집중 못 한다 ▶
'모델'을 보여 주며 함께 한다!

도구를 연구해 보아도 잘 되지 않는 경우나 자신감이 없는 아이, 새로운 것에 불안감을 강하게 느끼는 아이에게는 '이미지를 덧붙여 주면' 좋습니다. 모델이 될 만한 영상이나 사진, 일러스트 등을 보여 주거나 "형은 어떻게 하고 있지?" 등 힌트를 주는 말 걸기로 동작을 이해할 수 있게 하고 불안감을 줄여 줄 수 있습니다.

그중에서도 부모가 시범을 보이면서 격려하고 용기를 주며 함께 해 주는 것이 가장 효과가 높다고 생각합니다.

'눈앞에서 되풀이하여 직접 하는 것을 보여 준다'는 것이 매우 중요합니다.

아이들은 정말로 부모를 잘도 흉내 냅니다. 좋은 점도 그렇지만 나쁜 점도 그렇지요. 저도 처음엔 아침 등원 길에 다른 엄마들에게 인사를 하는 것이 서툴렀는데 조금씩 잘하게 되었습니다(5~6년 걸렸습니다만 ^^). 그러자 아이들도 모두 "안녕히 주무셨어요" 하고 인사할 수 있게 되었습니다.

그 외에도 함께할 때 유효한 '프롬프터'라는 양육 기법이 있습니다. 연극 등에서 무대 뒤 보이지 않는 곳에서 배우에게 작은 소리로 대사를 알려 주는 조력자를 '프롬프터'라고 합니다만 이와 마찬가지로 적절한 표현이 좀처럼 떠오르지 않는 아이에게 뒤에서 작은 소리로 단어를 가르쳐 주거나 손을 붙들어 동작을 보조하는 것이 '프롬프터'입니다.

말이 잘 안 나오는 아이들뿐만 아니라 우리 집 아이들처럼 웬만큼 말할 수 있지만 그 상황에 맞는 대화가 잘 안되는, 적극성이 없는 성격, 그래서 대화 능력을 키우고 싶은 경우에도 유효합니다.

또한 아이가 능장을 부리고 있을 때 부모가 해치워 버리기보다 보조를 해서라도 '해냈어!'라는 경험을 하게 해 줍니다. 그러면 신체를 움직이는 방법에 대한 이미지가 생성되고 이후엔 부모가 조금씩 손을 놓아도 스스로 할 수 있게 됩니다. 무엇보다 엄마가 곁에서 지원해 준다는 안심감이 새로운 것에 도전할 수 있도록 아이의 등을 밀어 준답니다.

① 아이를 대하는 법 기본 편

② 알기 쉽게 전달하는 방법 기본 편

③ 가정생활 연구 기본 편

④ 나들이를 위한 연구 편

⑤ 학교/유치원생활 연구 편

⑥ 학습 서포트 편

⑦ 욕이에 진이 빠질 때 대처법 편

020 일상생활에서 좌절이 많다 ▶ '포인트 수첩'으로 힘낸다!

ADHD 아이의 의욕 상승을 돕는 '토큰 이코노미'(바람직한 행동 특성을 하위 단위로 세분하여 그러한 행동이 유발되도록 체계적인 강화를 하는 방법-편집자)라는 방법이 있습니다. 우리 집에서는 '포인트 수첩'(2쪽 4)을 사용하여 해낸 것, 노력한 것에 포인트를 부여한 다음 포인트가 쌓이면 용돈으로 교환해 줍니다. 포인트는 수첩에 스티커와 스탬프로 기록해 둡니다. 우리 집의 경험으로 말하자면 특히 합리적인 사고방식의 소유자나 시각화하여 칭찬받는 것을 기뻐하는 유형의 아이에게 적합해 보입니다.

아이들이 어렸을 때는 좋아하는 캐릭터의 스티커를 모아 '3장=장난감 뽑기 1번', '5장=미니 프라모델 1개' 등 물물교환의 형태였지만 요즘은 다음과 같은 용돈 시스템입니다.

우리 집의 현재 포인트 평가 예

- 매일 하는 기본적인 일

숙제(3pt), 기본 생활습관(식사, 옷 입기, 양치, 목욕 등 : 모두 완수하면 3pt)

- 심부름, 배움

방 정리(한 곳당 5pt), 운동화 빨기(1켤레당 3pt), 학원 출석(3pt)

- 싫은 것을 참았다

힘든 시기의 등교(+는 시가[時價]/협상 후), 급식에 잘 못 먹는 메뉴가 나온 날

(+3pt)

- 스스로 결정한 것을 실행했다

정한 시간 내에 숙제를 한다(+2pt)

- 친구나 형제에게 양보했다(자기 신고제)

싸운 후 사과(5pt), 화가 났지만 때리지 않았다(5pt)

- 규칙과 매너를 지켰다

자동차 등에서 조용히 있었다(5pt), 줄을 서서 장시간 기다렸다(시간에 따라

협상)

- 적응 어려운 행사에 참가

운동회(10pt), 게임 대회(5pt), 방재훈련(5pt)

- 그 외 특별한 일

학기 종료(10pt), 방학 숙제 전부 완수(10pt)

현재의 포인트 교환 비율

1pt=100원

(필요에 따라 돈으로 바꿔 줌, 잔액 예치 가능.

사용 목적에 엄마는 간섭하지 않는다. 월별 금액 상한 설정은 없음)

① 아이를 대하는 편 기본 편

② 읽기 쉽게 전달하는 평점 기준 편

③ 가정생활 연구 기본 편

④ 나들이를 위한 연구 편

⑤ 학교/유치원 생활 연구 편

⑥ 학습 서포트 편

⑦ 옥아에 지쳐 괴로울 때 편 읽어주는 편

우리 집에서는 '100점 받았다' 등의 결과가 아닌 기초적인 일상 생활, 노력의 과정, 의욕 등 일견 당연해 보이는 것을 '애썼구나' 하고 인정합니다. 특히 어려운 일은 포인트 점수 협상을 합니다. '서로 이야기를 나누어 타협점을 발견'함으로써 자신의 감정을 매듭지어 정리하는 것도 연습할 수 있기 때문입니다.

"언제까지 사탕으로 조종할 건가요?" 하고 걱정하는 사람도 있겠지만 우리 집에서 포인트 수첩을 사용한 지 벌써 6, 7년 되었습니다. 싫어하는 것과도 맞붙어 씨름하고 새로운 일에도 도전할 수 있게 된 것이 (아이 나름대로) 부쩍 늘어났고, 정말로 원하는 것을 위해 다른 것을 포기하거나 포인트로 용돈이 쌓일 때까지 참을 수 있게 되었습니다. 시작은 용돈에 홀려서라도 괜찮습니다. 자꾸 도전을 시도하다 보면 도전한다는 행위 자체의 허들이 낮아지므로 보상이 주어지지 않을 때도 점점 잘할 수 있게 됩니다.

현재 우리 집 포인트 수첩은 해야 하는 것 리스트(to do list)와 스케줄 관리장 및 용돈 기입장의 기능을 겸하여 아이들이 자기관리 능력을 키울 수 있도록 되어 있습니다.

처음 시작할 때 모두 함께 좋아하는 수첩을 골랐습니다. '포인트 수첩'은 앞으로 소개할 전략을 실천할 때 보조 도구로서도 중요합니다.

① 아이를 대하는 점 기본 편

② 알기 쉽게 전달하는 방법 기본 편

③ 가정생활 연구 기본 편

④ 나들이를 위한 연구 편

⑤ 학교유치원 생활 연구 편

⑥ 학습 서포트 편

⑦ 욕아에 진이 빠졌 때 대처법 편

021 같은 실패를 되풀이한다 ▶ '피드백'으로 경험치를 높인다

'내버려 두면 저절로 배운다', '실패해 보면 조심하게 된다'라는 것은 '凸凹씨'에게는 통하지 않습니다. 하나하나 차분히 가르쳐 나가야 합니다.

왜냐하면 주위를 살피면서 움직이는 게 서투르거나 자신의 경험을 통한 임기응변식 대처법을 떠올리지 못하기 때문입니다. 또 엄마가 '준비물 챙기는 걸 잊으면 자신이 힘들어지니까 깨닫게 되겠지'라고 생각해도 아이는 그다지 신경 쓰지 않습니다. 실제로 별로 곤란해 하는 것 같지도 않습니다. 물건을 빌려준 누군가에게 폐를 끼쳤다고 해도 그 자체에 신경을 쓰지 않기 때문에 '폐를 끼쳤네. 다음엔 잊어버리지 않게 조심해야지'라고 생각하게 되지 않는다는 거지요.

엄마가 주변 상황을 전달하고 기억할 실마리를 제공하여 아이에게 '알아차리게' 하고, '기억을 떠올리게' 하고, 경험한 일은 '기록하게' 해야 합니다. 이렇게 피드백하여 경험치를 쌓으면 레벨 업이 가능합니다. 구체적으로 예를 들자면,

- "오늘은 더웠지. 땀을 흠뻑 흘렸구나"라고 본 그대로를 전달한다.
- "다음은 무얼 하면 되나?", "지난번에는 어떻게 했었지?"라고 기억의 실마리를 제공한다.
- "○○이는 지금 어떻게 하고 있지?", "저기, 봐 봐"라고 주변을 살피도록 거든다.
- "지금 □□할 때야", "△△이가 곤란해 하고 있어"라고 상황을 전달한다.
- "○○을 잘 해내고 있구나!"라고 무엇을 할 수 있게 되었는지 일깨워 준다.

등등을 말해 줌으로써 '알아차리고', '기억을 끄집어내는' 것이 가능해집니다.

아이의 모습을 그대로 전달하여 되들려주거나 작은 변화를 알아 차려 주면 '너에 대해 관심이 있단다', '잘 지켜보고 있단다' 하고 사랑을 전하는 메시지도 되므로 자신감을 갖는 데도 도움이 됩니다.

①아이를 대하는 법
기본 편

②일기 쉽게 전달하는
방법 기본 편

③가정생활 연구
기본 편

④나들이를 위한
연구 편

⑤학교/유치원 생활
연구 편

⑥학습 서포트 편

⑦욱해서 화가 폭발할 때
대처법 편

022 칭찬해 줘도 자신감이 생기지 않는다 ▶ '해냈다 일기'로 자신감이 붙는다

우리 집 아이들이 마음에 들어 하는 것 중에 '해냈다 일기'가 있습니다(3쪽 5). 아이마다 한 권씩 만들어 문자 그대로 '해낸 것'만을 뽑아낸 기록입니다. 늘 다른 사람의 말을 귀담아듣지 않아서 혼나곤 하는 큰아이는 엄마가 칭찬해도 듣고 있지 않습니다. 곧바로 잊어버리기 일쑤여서 '해냈다!'를 확실하게 자신감으로 연결할 수 있도록 조금 더 연구할 필요가 있었지요. 큰아이는 사진 등으로 기록하여 시각적으로 남겨서 칭찬해 주면 매우 기뻐합니다. 또 완벽주의여서 '해내지 못한 것'에 스스로 초점을 맞추는 아이도 '해낸 것'만을 뽑아서 제시해 주면 자신감으로 연결됩니다.

예를 들어 자전거 타기 연습 과정을 '세발자전거 → 보조바퀴 자전거 → 두발자전거' 식으로 같은 페이지에 네 칸 만화처럼 사진을 일렬로 나란히 붙여 주면 발전하는 과정이 한눈에 알기 쉽게 펼쳐집니다.

【우리 집 카테고리 분류의 예】
성장의 기록(매해 생일 사진)/문자의 발전 기록(낙서나 습자 등 사진)/운

85

동회 등 행사에 참가한 기록(분발하고 있는 장면이나 참가상 등의 사진)/새로운 체험이나 도전의 기록(캠프나 실험 사진, 입장 티켓, 팸플릿)/행동범위의 확장 기록(처음 자전거로 갔던 장소의 지도나 사진)/스스로 해낸 쇼핑 영수증 기록/놀이의 기록(몰입했던 것이나 수집한 물품의 사진)/독서 기록(그림책이나 도감, 만화 등의 사진)/친구들의 기록(놀러 왔을 때의 사진이나 받은 사진, 롤링페이퍼 등)/공작이나 조형 작품의 기록/출생 때의 기록(이름의 유래, 태어났을 때 부모의 느낌을 담은 메시지 등)

그리고 "그땐 연습을 정말 많이 했었지", "△살에 탈 수 있게 됐어", "○○까지 혼자서 갈 수 있었어" 등 칭찬하는 메시지를 덧붙입니다. 이런 것들을 언제든 가까이서 볼 수 있는 형태로 만들어 두면 아이가 필요한 타이밍마다 새롭게 인식하고 자기 자신이 '해냈다!'는 경험을 늘 피드백 받을 수 있습니다. 또한 엄마의 사랑을 눈에 보이는 형태로 남길 수 있습니다.

3 장

가정생활 연구 기본 편

023 채비에 시간이 걸린다 ▶
아침의 아수라장은 '채비 카드'로 해결

몸단장 순서와 복장의 완성형을 한눈에 알 수 있는 카드로 만들어 주면 아침부터 능숙하게 교통정리가 됩니다. 전체 이미지를 보여 주면 쉽사리 아는 첫째 아이에게는 옷 입기가 끝났을 때의 '완성형' 일러스트를, 한 가지씩 꼼꼼하게 처리해 나가는 둘째 아이에게는 순서 리스트를 한 장에 정리한 카드를 만들어 주었습니다. 아직 시계를 볼 줄 모르는 딸아이에게는 시계바늘 모양의 일러스트도 덧붙여 주었습니다. "지금 몇 번까지 했니?", "시계 바늘이 이런 모양이 되면 아침밥을 먹자꾸나" 하는 식으로 보여 주면서 말을 겁니다(3쪽 6,7).

또 함께 놀면서 즐겁게 옷 갈아입기를 하는 작전도 있습니다. 소매 끝으로 손을 찔러 넣어서 간질이거나 "바지에 다리를 꿰면 로켓 발사할 거야"라며 바지 입은 아이를 들고 로켓 발사 시늉을 하거나 양말로 캐치볼을 하는 식입니다. 요즘 막내가 마음에 들어 하는 것은 양말에 그려진 그림의 캐릭터를 의인화하여 "오늘은 나를 신어 줘!" "안 돼! 오늘은 나야 나!"라며 양말들끼리 막내를 서로 차지하려 다투는 엄마의 촌극입니다. 막내는 "미안, 미안해. 오늘은 토끼 차례야. 너는 내일로 약속할게"라며 기쁜 듯이 이긴 쪽의 양말을 신습니다. 또 막내는 신발의 좌우를 곧잘 혼동하므로 신발 바닥에 매직펜으로 막내가 좋아하는 ♡ 마크를 반씩 그려 놓았습니다. 이렇게 조금만 연구하면 '내가 해냈어!'를 늘릴 수 있습니다.

한편 우리 집의 경우 아이들 옷은 대개 저렴한 것이나 친척과 친구 아이들 것을 물려받아서 마음 놓고 더럽혀도 괜찮도록 하고 있습니다. 다만 우리 집 아이들은 모두 촉각이 예민하므로 속옷만큼은 국내산 면 100퍼센트에 봉제가 매끄러운 것을 고르고 셔츠의 탭은 잘라냅니다. 겨울에는 목둘레가 따끔거리는 터틀넥이나 스웨터는 싫어하므로 U자 넥 등 목둘레가 상쾌한 긴소매 후리스 셔츠에 V자 넥의 오리털이나 면 조끼 등을 입힙니다. 봉제선이 신경 쓰이는 속옷은 안팎을 뒤집어서 입히기도 합니다. 약간 헐렁한 진 바지에는 다이소 같은 생활용품점에서 파는 벨트형 고무줄을 채워주면 채워진 상태에서 탈착 가능하므로 용변 볼 때나 옷 갈아입을 때 편합니다.

단시간에 기분을 바꾸기 힘든 첫째 아이는 야단쳐서 보내면 학교에서도 기분이 나쁘기 십상이어서 가능한 한 아침에는 즐겁게 등교할 수 있도록 연구하고 있습니다.

① 아이를 대하는 법 기본 편

② 알기 쉽게 전달하는 방법 기본 편

③ 가정생활 연구 기본 편

④ 나들이를 위한 연구 편

⑤ 학교/유치원 생활 연구 편

⑥ 학습 서포트 편

⑦ 옥에에 진이 빠질 때 대처법 편

024

체온 조절이 서투르다 ▶
아침의 '날씨 체크'로 마음의 준비

'凸凹씨'들은 체온 조절에 서투른 아이들이 많습니다. 앞일을 예측하기 어려워하고 예측 밖의 일이 생기면 패닉에 빠지는 경우도 있습니다. 그러므로 날씨와 능숙하게 사귀는 법을 가르쳐 주는 것은 성장한 후에도 대단히 중요하다고 생각합니다.

우리 집 화장실에는 기압과 온도 변화로 각각 수위와 부표가 오르내리는 기압계와 '갈릴레이 온도계'(과학교구 쇼핑몰 등에서 구입 가능-편집자)를 인테리어 겸 두고 있습니다(4쪽 8). 기압이 내려가면 기압계의 수위가 올라가는 등 날씨 변화를 눈으로 알 수 있어 아이들이 "엄마, 곧 비가 온대!"라고 알려 줍니다(저기압이면 비 올 확률이 높아집니다). 스마트폰의 일기예보 앱이나 텔레비전의 데이터 방송 등도 편리합니다.

그리고 수집한 정보를 통해 "오늘은 낮부터 더워진대. 윗도리는 필요 없겠지?", "돌아올 때 비가 올지도 모르겠네. 학교에 놓아둔 우산 있어?" 등 날씨 변화에 대한 마음의 준비와 우산이나 윗도리 확인을 위한 체크를 합니다.

큰아이가 저학년이었을 때는 일기예보에서 "최고기온은 30도입니다"라고 해도 어느 정도 더운지 얼른 실감을 못 하여 기온과 체감의 기준을 5단계의 표로 꾸민 '기온 스케일'을 만들어 눈으로 볼 수 있도록 했습니다(4쪽 9).

　또 날씨에 따라 옷을 스스로 고를 수 있도록 '오늘의 추천 스타일'이라는 장치 카드도 만들어서 가장 알맞은 복장의 기준을 알 수 있도록 했습니다(4쪽 10). 장난으로 어울리지 않는 복장 조합을 하여 웃을 때도 있지만 '이것은 이상해!'라고 아는 것도 우리 집 아이들에게는 진보였다고 생각합니다.

　지금도 환절기에 일교차가 크거나 태풍이 몰려올 때 큰아이는 학교를 가기 싫어하거나 싸움을 하는 등 트러블이 많아지고 거칠어집니다. 신체에 평상시보다 큰 부담이 가해지기 때문인 것으로 보입니다. 큰아이는 "겨우 익숙해졌다 싶을 때 계절이 변하니까 그때마다 출발점으로 되돌아오잖아. 다시 일 년 지나면 다 잊어버리는걸"이라고 설명합니다.

　하지만 아이의 기분이 좋지 않은 이유를 알기만 해도 부모의 마음가짐이 달라집니다. '더운데도 참고 노력하고 있네. 학교 간 것만으로도 100점!' 하고 생각할 수 있게 됩니다.

① 아이를 대하는 편 기본 편

② 알기 쉽게 전달하는 방법 기본 편

③ 가정생활 연구 기본 편

④ 나들이를 위한 연구 편

⑤ 학교/유치원 생활 연구 편

⑥ 학습 서포트 편

⑦ 육아에 진이 빠질 때 대처법 편

025 편식이 심하다 ▶
식사는 즐겁게, 좋아하는 음식으로

　감각이 민감한 아이는 미각뿐 아니라 식감이나 냄새, 모양에도 민감하여 편식쟁이가 많습니다. "편식 않고 균형 잡힌 영양 섭취를 해야지"라는 소리를 여기저기서 듣게 되면 부모도 불안해져서 '뭐든지 다 먹게 해야겠네!'라고 생각할지도 모릅니다.

　하지만 우리 집에서는 편식 오케이입니다. 편식을 장려할 정도는 아니지만 용인 또는 묵인으로 너그럽게 봐줍니다(세계적인 야구선수인 이치로 선수가 "아침에는 카레만 먹는다"고 말한 것을 위안으로 생각하고 있습니다^^). 어디까지나 저의 개인적인 생각입니다만 '균형 잡힌 식사'는 '균형 잡힌 체질의 아이'에게 적합하고 '한쪽으로 쏠린 식사'는 '한쪽으로 쏠린 체질의 아이'에게 적합한 것이 아닐까 하고 느낍니다.

　우리 집 아이들이 좋아하는 식사를 잘 관찰해 보면 실은 '자신의 성장에 알맞은 것'을 본능적으로 보충하고 있다는 것을 알 수 있습니다. 대체요법으로서의 식사요법 등은 우리 집에서는 부담이 너무 커서 하지 않습니다. 최근 자폐증 치료에 좋다고들 하는 브로콜리 등은 야채를 별로 먹지 않는 우리 집 아이들도 무슨 까닭인지 무척 좋아합니다.

　다만 모처럼 찾아낸 훌륭한 미각을 흐트러뜨릴 염려가 있는, 맛이 지나치게 짙은 요리나 화학조미료, 식품첨가물 등은 '가능한 범위 내에서' 과도하게 섭취하지 않도록 '조미료만큼은 좋은 것을 쓴다' 등 식재료 선택은 조금 신경쓰려고 노력하고 있습니다.

무엇보다 매일의 식사는 단순히 '신체에 필요한 영양을 취하는' 행위만은 아닙니다. "뭐든지 편식하지 말고 먹어"라고 하루에 세 번 잔소리를 들으면 숨이 막히게 됩니다. 영양이든 아이의 발달이든 모든 면에서 '균형 잡히게 쏠림 없이'라고 지나치게 노력하면 부모도 괴로워집니다. 한쪽으로 약간 쏠린다고 해서 문제될 게 있나요. '식사는 즐겁게, 좋아하는 음식으로'가 가장 중요하다고 생각합니다. 다만 잘 못 먹는 것 극복이 아닌 선택지를 넓히는 연구는 무리가 안 되는 범위에서 하고 있습니다.

'먹는 것이 곧 사는 것'이라고 곧잘 말합니다. 먹는 것을 좋아하게 되면 사는 것도 좋아하게 될 것이라고 생각합니다. 그렇게 되기 위해 우리 집에서는 식사 시간에 '이것도 저것도 다 먹지 않으면 안 돼'라고 생각하지 않습니다. 먹는 행위를 고행으로 만들지 않는 데 우선순위를 둡니다.

① 아이를 대하는 법 기본 편

② 알기 쉽게 전달하는 방법 기본 편

③ 가정생활 연구 기본 편

④ 나답게 살기 위한 연구 편

⑤ 학교유치원 생활 연구 편

⑥ 학습 서포트 편

⑦ 육아에 진이 빠질 때 대처법 편

026 손으로 먹거나 걸어다니며 먹는다 ▶ '손으로 먹고 걸어다니며 먹는 것'은 합리적

　호기심이 강하고 가만히 있지 못하는 유형의 큰아이는 식사 중에 다른 가족도 차분한 분위기에서 먹지 못하게 해서 식사 매너를 곧잘 지적받습니다. 하지만 요즘 저는 큰아이가 식사 중에 어딘가로 가거나 종종 손으로 집어먹어도 별로 신경을 쓰지 않게 되었습니다.

　'최저선'은 저도 있는 편이 좋다고 생각하지만 '식사는 즐겁게'가 기본이므로 제 편에서 시각을 바꾸어 본 것입니다.

　실은 '손으로 집어먹기／걸어다니며 먹기'는 행동적인 ADHD 유형의 아이에게 무척 어울립니다. 큰아이가 좋아하는 음식은 생선초밥과 주먹밥 등 손에 쥔 채 무언가를 하면서 이동하며 후다닥 먹을 수 있는, 주식과 메인 반찬이 하나로 된 합리적인 음식입니다. 인생이라는 한정된 시간을 유효하게 쓰기 위한 '적응'이라고 볼 수도 있습니다.

　즉 큰아이 본래의 라이프스타일에 맞는 것은 '손으로 집어먹기／걸어다니며 먹기'입니다. 그것을 앉아서 식기를 사용하여 먹는 식사 스타일에 '맞추게 하고 있는' 쪽은 이쪽입니다. 그 사실을 깨닫고부터는 어정어정 걸어다니는 것을 매번 주의 주지 않고 잠깐이라도 앉으면 "고마워" 하고 말하게 되었습니다.

물론 젓가락과 숟가락도 가능한 사용하도록 '매너'가 아니라 '합리성'으로 설명합니다. "젓가락을 사용하면 뜨겁지 않아", "숟가락을 사용하면 한 번에 많이 집을 수 있어"라고 말해 주는 것이지요. 큰아이는 "젓가락을 사용하면 청결하다"고 해도 '깨끗함'에 그다지 메리트를 느끼지 못하는 터라 와 닿지 않습니다. 조만간 '깨끗하게 사용하면 주위사람들에게 좋은 인상을 주게 된다'는 것에 가치를 느끼게 될지도 모르지만 당장은 합리적으로 설명하고 얼마간의 서투름은 너그럽게 넘깁니다. 또 큰아이가 차분하게 앉아 있지 못하는 게 신경이 많이 쓰일 때는 도넛 형태의 밸런스 쿠션에 앉힙니다.

이쪽의 시각을 바꾸면 '매너가 나쁘고 불안정한 아이'에서 '가족에게 맞추려고 노력하고 있는 아이'로 약간 인상이 달라져 보입니다. 마이크로 소프트의 빌 게이츠를 비롯하여 정력적으로 움직이는 기업가나 한 가지 일에 몰두하는 연구자 중에는 햄버거 등 합리적인 식사 스타일을 선호하는 인물이 많다는 것이 저에게는 격려가 됩니다.(^^)

① 아이를 대하는 법
기본 편

② 알기 쉽게 전달하는
말범 기본 편

③ 가정생활 연구
기본 편

④ 나들이를 위한
연구 편

⑤ 학교/유치원 생활
연구 편

⑥ 학습 서포트 편

⑦ 욱에 진이 빠질 때
대처법 편

027 식사 중에 흘리고 더럽힌다 ▶
'OK 카드'로 대처법을 전달한다

저는 식사의 경우뿐만 아니라 '실패는 스스로 만회하면 OK'라고 생각합니다. 그리고 아이에게는 '실패했을 때 어떻게 하면 좋을지' 대처법을 미리 알려 줍니다. 이렇게 하면 완벽주의 성향의 아이나 실패에 대한 불안감이 강한 아이도 어느 정도 안심할 수 있으며 도전하는 자세도 힘을 받고 자신만의 만회 방법도 터득하게 됩니다. 그러기 위해 우리 집에서는 'OK 카드'라는 것을 만들었는데 여러 장이어서 링으로 묶어 거실에 놓아두고 있습니다(5쪽 11).

일러스트로 카드 겉면에 실패의 예를 그린 후 뒤집으면 "이런 실패를 했어도 이렇게 하면 OK!"라고 대처법을 알 수 있게 써 놓습니다. 일러스트가 서툴면 글자만 혹은 말로 대처법을 전달해도 효과는 있을 것으로 생각합니다. 물이나 간장을 쏟았을 때 타월이나 걸레로 닦으면 된다. 깨를 철퍼덕 엎었다면 아깝지만 빗자루와 쓰레받기로 치우면 된다. 옷이나 얼굴이 밥과 케첩으로 엉망이 되었다면 씻으면 된다(그래서 우리 집에서는 식탁 가까이에 늘 타월과 작은 빗자루, 쓰레받기를 둡니다). 설령 실패해도 대처법을 알고 있으면 침착하게 행동할 수 있는데다가 저도 잔소리가 튀어나오기 전에 카드를 보여 주면 되니까 화를 내지 않고 수습됩니다.

큰아이가 이유식을 시작했을 때 식사 도중에 잠깐 눈을 떼면 '밥

알 괴물'이 나타났더랬습니다. 얼굴과 손, 옷 가릴 것 없이 전신이 밥알 투성이! 하지만 천사같이 순진무구하게 웃는 얼굴에 낚여 주위 어른들도 웃으며 넘겼습니다. 그랬던 것이 성장함에 따라 점점 부모가 대범하게만 봐 넘길 수가 없게 됩니다.

하지만 '실패'는 누구든지 합니다. 아무리 애써도, 아무리 훌륭한 사람이라도 말이지요. 그러니까 무엇이든 '실패하지 않도록' 조마조마해 하기보다 실패를 처리하는 방법을 많이 익혀서 대처할 수 있도록 하는 쪽이 아이에게 살아가는 힘을 붙여 줄 수 있습니다. '실패가 많다'는 것은 '도전한 것이 많다'는 것입니다. 의욕이 큰 아이일수록 많이 실패하게 마련이므로 실패를 많이 하는 아이의 엄마는 자신감을 가져도 좋다고 생각합니다.

① 아이를 대하는 법 기본 편

② 알기 쉽게 전달하는 방법 기본 편

③ 가정생활 연구 기본 편

④ 나들이를 위한 연구 편

⑤ 학교/유치원 생활 연구 편

⑥ 학습 서포트 편

⑦ 육아에 진이 빠질 때 대처법 편

028

아침밥 ▶
'나만의 메뉴'는 OK, '혼밥'은 NG

우리 집은 가족 모두 일찍 일어납니다. 부모가 아침 일찍 일어나면 아이들도 6시 전까지는 모두 스스로 일어납니다. 아침밥은 매일 아침 "밥? 빵?" 하고 각자에게 희망사항을 묻고 부담 없이 고를 수 있는 선택지에서 자신이 좋아하는 것, 컨디션에 맞는 것을 골라서 먹습니다.

형제라도 해도 컨디션은 전혀 다릅니다. 아침부터 카레나 덮밥을 데워서 먹고 가는 큰아이, 가볍게 빵과 스프 혹은 찻물에 밥을 말아 먹는 둘째 아이, 다양한 먹을거리를 조금씩 음미하는 딸아이식으로 정말 삼인삼색입니다.

그런 식사를 아침부터 활기차게 삼남매가 함께 먹습니다. 각각 다른 것을 준비하는 것이 조금 힘들게 보일지도 모르지만 렌지 등으로 데우거나 컵 스프에 따뜻한 물을 붓거나 토스트를 굽는 등 간단한 요리를 가르치면 아침밥 정도는 거의 아이들 스스로 준비할 수 있습니다. 아이들이 할 수 있는 것을 가능한 범위에서 하도록 하면 그다지 부담으로 느껴지지 않습니다.

아침부터 기분 좋게 몸 상태에 맞고 좋아하는 음식을 적당량 먹고 가면 등교 허들도 낮아지고 학교에서의 트러블도 (약간) 줄어듭니다.

전자렌지에는 다음과 같이 카드에 써서 아이들도 사용할 수 있도록 했습니다(2쪽 3).

(1) '데우기' 방법 중 기본 버튼과 자주 먹는 음식 예의 순서
(2) 뒷면에는 넣어서는 안 되는 것(달걀과 알루미늄 호일 등)과 사용상의 주의점을 간단하게 정리

그리고는 "카드를 보고 해 보렴" 하고 일깨워 준 다음 잠시 가까이서 지켜보면서 아이 스스로 사용할 수 있도록 연습했습니다.

'데우기'만으로도 냉동식품이나 전날 남긴 음식을 먹을 수 있으므로 '스스로 해냈다!'가 늘어납니다. 전기 포트 등 다른 조리 가전을 함께 사용하면 간단한 아침밥 정도는 스스로 만들 수 있습니다. 지금은 전자렌지만으로도 밥이나 삶는 요리까지 가능합니다. 자립을 향해 '요리'의 허들을 낮춰 줄 수 있는 것입니다.

다만, 각자 다른 것을 먹고 있어도(個食), 식사는 가능한 함께 하여 '혼밥(孤食)'이 되지 않도록 하고 있습니다(아이 스스로가 혼밥이라고 느끼지 않으면 OK라고 생각하므로 같은 방의 조금 떨어진 장소에서 '○○하면서 먹는' 것도 가끔씩은 허용하고 있습니다). 자영업에 종사하셨던 저의 어머니는 늘 하루 종일 바빠서 어린 시절 저와 여동생은 둘이서 텔레비전을 보며 묵묵히 밥을 먹었습니다. 때문에 모처럼의 요리도 '음미할' 경험이 적은 채로 자라 정말로 '좋은 것'도 '싫은 것'도 없이 먹는 것에 대해 흥미가 옅어졌었지요.

그랬던 것이 결혼 후 남편과 아이들과 식탁을 둘러싸고 떠들썩하게 이야기를 나누며 밥을 먹으면서 조금씩 '먹을거리를 음미한

① 아이를 대하는 법 기본 편
② 알기 쉽게 전달하는 방법 기본 편
③ 가정생활 연구 기본 편
④ 나들이를 위한 연구 편
⑤ 학교/유치원 생활 연구 편
⑥ 학습 서포트 편
⑦ 욱하여 진이 빠질 때 대처법 편

다'는 행위를 알게 되었습니다.

　이런 배경이 있었기 때문에 소란스러운 우리 집 아침식사 풍경도 저에게는 '풍요로움'입니다. 가정에 따라서는 어려울지도 모르지만 가끔씩이라도 가족이 모두 모여 식사를 하는 기회를 가지면 많이 달라지리라 생각합니다.

029

저녁밥 ▶
덜어서 먹기와 떨어져서 먹기

①아이를 대하는 법 기본 편

②읽기 쉽게 전달하는 방법 기본 편

③가정생활 연구 기본 편

④나들이를 위한 연구 편

⑤학교/유치원 생활 연구 편

⑥학습 서포트 편

⑦육아에 지쳐 빠질 때 대처법 편

저녁밥은 편식하는 아이들에게 맞춰서 개별적으로 메뉴를 준비하는 일도 없거니와 싫어하는 음식을 면하게 해 주지도 않습니다. 왜냐 하면 세 아이들 중 한 명이라도 불평이 안 나오려면 매일 카레밖에 내놓을 게 없기 때문입니다!(^^)

다만, 반찬은 큰 접시에 담아서 내고 각자가 앞접시에 덜어 갈 수 있도록 하여 잘 못 먹는 반찬을 피하여 가져가는 것을 너그러이 봐줍니다. 또 각자 먹는 된장국에 싫어하는 건더기가 있으면 '조금 적게' 담아 주고 젓가락으로 건져내어도 괜찮은 것으로 하고 있습니다.

이렇게 하면 '연대책임'으로 둘째가 안 먹는 버섯을 딸아이가 먹고, 첫째가 안 먹는 방울토마토를 아빠가 먹는 식으로 각자가 서로 도와 저녁밥을 '클리어'할 수 있습니다. 설령 남아서 제가 '욱' 해도 책임 소재가 분산됩니다. 억지로 먹게 하지 않아도 시간을 들여 익숙해지도록 함으로써 식사의 폭을 넓혀 줄 수 있습니다. 모양새나 냄새에 익숙해지면 어쩌다 입에 대는 경우도 생기고, 싫어하는 것을 눈앞에서 먹는 사람이 있어도 허용할 수 있게 됩니다.

하지만 식탁에 앉기만 해도 "도저히 못 참겠어!"라며 울음보가 터지려는 음식도 있습니다. 첫째는 과일, 둘째는 낫또가 '그 자리에 동석할 수 없을 정도의 고통'이라는 '장애'에 해당하는 것이어서 '떨어져서 먹기'로 가능한 범위 내에서 배려는 합니다.

모두가 낫또나 과일을 먹고 있는 동안 싫어하는 당사자는 식탁에서 떨어진 소파나 별실로 피난하여 '참가를 강제 당하지 않을 자유'가 인정됩니다. 가족 중 한 사람만 낫또나 과일을 먹고 싶을 경우에는 그 사람이 떨어져서 먹습니다. 낫또를 좋아하는 딸아이는 둘째에게 "오빠, 나는 낫또를 먹고 싶으니까 오빠는 여기 있어"라고 말하고 소파 앞에 다소곳이 앉아서 먹습니다.

우리 집에서 자연스레 만들어진 룰입니다만 '배려'라는 것은 어느 한 쪽이 죽어라 하고 참고 무엇이든 제한하는 것이 아니라 '서로가' 즐겁고 쾌적하게 지낼 수 있도록 조금씩 서로 양보하고 생각해주는 자세라고 배웁니다. 우리 집 저녁식사는 '가능한 범위의 배려'는 하지만 다른 사람이 즐길 자유도 소중하게 다루고 있습니다.

030

① 아이를 대하는 말
기본 편

② 알기 쉽게 전달하는
방법 기본 편

③ 가정생활 연구
기본 편

④ 나들이를 위한
연구 편

⑤ 학교/유치원 생활
연구 편

⑥ 학습 서포트 편

⑦ 욕에 진이 빠질 때
대처법 편

간식 ▶
간식은 체험의 보물창고

간식은 모든 아이들에게 가장 관심이 큰 먹을거리가 아닐까 합니다. 특히 '좋아하는 것을 위해서라면 분발할 수 있다'는 凸凹 특성 에너지를 활용하면 흥미가 한쪽으로 쏠리기 쉬운 아이에게도 다양한 체험을 할 수 있게 해 주는 절호의 찬스입니다.

간식 체험을 통해 '만들다' '사다' '세다' '다른 사람과 나눈다' 등을 매일 즐겁게 배울 수 있습니다. 그렇다고 품이 많이 드는 일은 하지 않습니다. 매일 되풀이되는 일이므로 어디까지나 '가능한 범위 내에서'입니다.

'만드는' 것 중 간단하여 우리 집 아이들이 처음부터 끝까지 손쉽게 할 수 있는 것이 팝콘입니다. 시판하는 알루미늄 간이 프라이팬으로 만드는 팝콘은 퐁퐁 튀는 손맛과 소리가 즐거운 감각 놀이가 됩니다. 여름에는 얼음 깎는 감각이 즐거운 빙수 만들기가 있습니다. 그 밖에 찐 옥수수나 군고구마 등 손쉬운 요리는 매우 훌륭한 치료교육 놀이가 됩니다.

'사는' 것은 우리 집에서는 '포인트 수첩'을 사용하는 용돈 시스템과 직결됩니다. 저축한 용돈을 손에 쥐고 근처 가게로 사러 가는 것도 귀중한 경험입니다. 혼자서 사러 갈 수 있게 될 때까지 단계를 거친 첫째 아이와 둘째는 이제 예산 내에서 능숙하게 사 올 수 있게

103

되었습니다. 막내딸은 지금 함께 연습 중입니다. 계산이 아직 안 되는 꼬맹이도 손가락을 펴 보이며 "세 개"라고 하면 알아듣습니다.

가게 직원과의 대거리 실력도 늘어납니다. 부끄럼장이 둘째도 절실하게 갖고 싶은 과자를 사기 위해 용기를 내어 "이거 얼마예요?"부터 시작했고, 가게 주인과 학교에서 있었던 일에 대해 이야기하거나 형이나 친구와 함께 사러 가는 등 대화와 사교의 폭이 조금씩 넓어져 왔습니다.

'숫자 세기'도 매일 간식을 통해 익혀 나갈 수 있습니다. 수량 감각은 '실제로' 눈으로 보고 만지고 맛보는 오감을 사용하여 체험하면서 몸에 새기는 것 같습니다. 과자를 건네줄 때도 손바닥이나 봉투에서 "한 사람당 세 개씩이야" 하고 헤아리면서 건네주면 숫자와 사물이 일치하는 감각을 키울 수 있습니다.

숫자를 아직 모르는 어린아이에게 숫자를 가르치는 요령은 매번 손가락을 펼쳐 보이면서 소리를 내어 숫자를 말해 주는 것입니다. 이렇게 하면 숫자를 이해하는 밑바탕이 생겨서 어느 날 갑자기 회로가 연결되듯이 사물의 수와 숫자의 음과 형태가 철커덕 맞물리는 때가 옵니다.

형제 싸움 끝에 울면서 달려온 아이가 울음을 멈추면 "다른 사람에게는 비밀. 한 개는 덤이야"라며 부엌 구석에 숨어서 숫자를 세어 가며 살짝 입 안에 넣어 줍니다.

그리고 그 응용편인 '나누기'. 형제나 친구들과 나눔을 통해 소셜 스킬 트레이닝(사회성을 익히는 훈련)도 됩니다. 반드시 '같은 것을 평등하게' 나누어야 하는 것은 아닙니다. 그릇 크기는 같아도 각자의 기호나 양이 있으므로 서로 만족할 수 있는 타협점을 찾아 낼 때까지 이러쿵저러쿵 서로 대화하는 경우도 있습니다. 그럼에 도 누군가 억지를 쓰고 있는 것 같으면 "모두들 그렇게 합의 본 거 야?" 하고 끼어들기도 하지만 납득되었다면 오케이입니다.

그 외 적응이 어려운 신학기나 운동회 시기에는 등교 전에 '상 주기 설정'을 약속하고 아이가 좋아하는 아이스크림을 사 두었다 가 하교하면 "애썼어. ○○ 아이스크림 사다 놓았어" 하고 말을 붙 여 그 시기를 넘어가게 하는 등 간식은 우리 집에서 대활약을 하고 있습니다.

좋아하는 것을 얻기 위해 힘을 낼 수 있을 뿐 아니라 단순히 '먹 는다'는 행위에 머물지 않고 다양한 경험을 즐기면서 쌓아 갈 수 있 게 해 줍니다.

① 아이를 대하는 법 기본 편

② 알기 쉽게 전달하는 방법 기본 편

③ 가정생활 연구 기본 편

④ 나들이를 위한 연구 편

⑤ 학교/유치원 생활 연구 편

⑥ 학습 서포트 편

⑦ 욕에에 진이 빠질 때 대처법 편

031 급식에 먹지 못하는 메뉴가 나온다 ▶
감각의 과민성을 전달한다

실은 첫째 아이는 수돗물이 집 안의 어느 수도꼭지에서 나온 것인지 아는 '물 맛 구별하기'가 가능할 정도로 미각이 민감합니다. 그런 까닭에 과일은 전반적으로 첫째 아이 미각에는 자극이 지나치게 강합니다. 그래서 잠깐 입에 대는 것도 거부반응을 보이고 무리하게 먹이면 패닉 상태가 됩니다. '당사자의 노력으로는 극복할 수 없는 벽'이 있습니다.

그런데 학교 급식과 관련하여 '음식 알레르기'가 있는 둘째 아이는 '우유 제외'를 부탁할 수 있지만 첫째 아이의 '미각 민감성'으로는 진단서가 나오지 않는 경우가 있습니다(최근 '미각의 민감성'에 대응하고 있는 학교도 있다고 하므로 심각한 경우에는 교장선생님께 상담해 보세요). 때문에 첫째 아이에게도 다른 아이들과 똑같이 급식에 과일이 나옵니다. 둘째 아이도 낫또나 곤약은 '촉각의 과민함' 때문에 닭살이 돋을 만큼 그 식감을 싫어하지만 '음식물 알레르기'가 아니므로 '호오(好惡)'의 범주에서 취급됩니다.

그래서 지금은 담임선생님께 매년 정중하게 설명하여 '너그럽게 봐주는' 배려를 부탁드리고 있습니다(앞으로 발달장애에 대한 이해가 진전되면 전국적으로 급식 대응도 변화할 가능성이 있습니다). 다만, 경우에 따라서는 학교 측으로부터 "다른 학생들에게는 애

써서 먹이고 있는 학교측 입장을 봐서라도 가정에서 아이를 좀 더 독려하면 좋겠다"라는 취지의 회답을 받을 가능성도 있습니다. 하지만 당사자가 급식에 고통을 느껴서 "학교에 가고 싶지 않다"고 하거나 무리하게 먹어서 패닉에 빠지거나 하면 학급 전체에도 지장을 주게 됩니다. 이러한 상황들을 가능한 객관적이고 구체적으로 설명하여 이해 받을 수 있도록 머리 숙여 부탁하고 있습니다.

감각의 민감성은 혈액 검사 등으로는 나오지 않으므로 앞서 말한 '물 맛 구별하기'의 예와 같이 구체적으로 과민함의 정도를 알 수 있는 사실이나 '무리하게 먹었더니 교실에서 뛰쳐나갔다' 등의 과거 예 그리고 상대방의 사정도 이해하는 자세와 "이 선까지라면 노력해 보겠다"라는 타협선 등을 제시하면 학교 측도 이해하기 쉬울 것이라 생각합니다.

집에서도, 먹기 힘든 메뉴가 급식으로 나오는 날은 "오늘은 등교만 잘해도 OK"라고 말해 주어서 먹지 못했다 해도 '포인트'를 추가(예 : 과일과 낫또는 플러스 3 포인트)해 주거나 "간식으로 뭐 먹고 싶어?"라고 좋아하는 간식 신청 받기 등 '상 주기 설정'으로 뒷받침하고 있습니다.

이런 과정을 거쳐 첫째 아이는 이제 급식에서는 과일을 제외하면 잘 못 먹는 음식도 어찌어찌 먹을 수 있게 되었습니다. 둘째 아이는 낫또는 무리이지만 곤약이나 우동, 버섯은 한두 입이라도 먹는 데 성공하면 "오늘은 노력해서 곤약 먹었어요!" 하고 의기양양하게 보고합니다(자기신고제의 플러스 3포인트입니다!). 아주 조금이라도 먹었을 때는 식단표에 스티커를 붙여 주기도 합니다. 그리고 못 먹는 메뉴가 있지만 학교에 간 사실, 급식 때 교실에 있었던 사

①아이를 대하는 편 기본 편
②알기 쉽게 전달하는 방법 기본 편
③가정생활 연구 기본 편
④나들이를 위한 연구 편
⑤학교·유치원생활 연구 편
⑥학습 서포트 편
⑦욕에 진이 빠질 때 대처법 편

실, 한 입이라도 먹었던 사실 등도 "애썼구나!" 하고 진지하게 칭찬하여 인정해 줍니다. 설령 학교 측의 이해를 얻지 못했더라도 엄마가 알아주면 아이의 부담감은 크게 덜어지는 것 같습니다.

급식만이 아니라 '감각의 민감성'은 다른 사람들은 좀처럼 상상하기 어려워서 이해받기 어렵다고 생각하지만 끈기 있게 구체적으로 정중하게 전달하고 이쪽도 가능한 노력을 기울이면 상대방이 '알아주는' 그리고 '너그럽게 봐주는' 경우도 늘어납니다.

① 아이를 대하는 법 기본 편

② 알기 쉽게 전달하는 방법 기본 편

③ 가정생활 연구 기본 편

④ 나들이를 위한 연구 편

⑤ 학교/유치원 생활 연구 편

⑥ 학습 서포트 편

⑦ 욱아에 지쳐버릴 때 대처법 편

032 음식물 알레르기가 있다 ▶ 식사요법은 적당한 선에서

둘째 아이에게는 '음식물 알레르기'가 있다고 앞서 말씀드렸지요. 지금은 생우유만 빼면 될 정도로 좋아졌습니다만 갓 태어났을 때는 정말로 보통 일이 아니었습니다.

당시 제가 식사요법에 매달린 덕에 둘째 아이는 많이 좋아졌지만 동시에 잃은 것도 많았습니다. 그 경험에서 배운 것은 육아와 치료교육에 대한 저의 믿음이기도 한 '가능한 범위에서 가능한 것을 하면 된다'입니다.

저의 실패 경험을 들려드리지요. 둘째는 태어난 지 얼마 안 되어 알레르기가 강하게 나타났습니다. 온몸이 습진 투성이인 탓에 가려워서 길게 잠들지 못했습니다. 온순해서 그다지 울지는 않았지만 어딘지 축 늘어져서 피곤한 듯한 인상의 아기였습니다. 생후 6개월 건강검진 때 다른 아기들 피부는 반짝반짝 매끌매끌한 데 비해 우리 아이는 얼굴이 새빨갛고 쭈글쭈글…… 둘째가 가엽고 후회스럽고 비참하여 자동차 안에서 울면서 집으로 돌아왔던 것을 기억합니다.

저는 둘째의 알레르기가 조금이라도 좋아진다면 '이 아이를 위해 가능한 것은 뭐든지 할 거야!'라고 결심했습니다. 인터넷에서 명의(名醫)를 찾아내어 당시 겨우 두 살이었던 큰아이까지 데리고 익숙지 않은 길을 자동차로 편도 1시간 달린 후 대기 2~3시간. 다른 지역에서도 수많은 부모자식이 몰려들어 집에 돌아가기까지 반나절이 걸렸습니다.

모유에는 제가 먹은 음식의 영향이 남게 되므로 의사의 지시 아래 저도 엄격한 식사 제한을 하여 알레르겐이 될 물질은 모조리 제외시켰습니다. 당시 둘째의 가려움의 원인이 된 것은 유제품, 달걀, 밀가루, 돼지고기, 깨, 과일, 어패류 등등. 게다가 알레르기를 악화시킬 가능성이 있는 기름이나 백설탕, 첨가물, 화학조미료, 잔류 농약 등도 철저하게 모조리 피했습니다. 저는 좋아하는 피자나 케이크도 멀리하고 매끼 주먹밥과 된장국만 먹었습니다.

그리고 진드기와 집먼지도 좋지 않다고 하여 매일 이불을 말리고 집 안과 이불을 청소기로 청소했습니다. 식사에 조그만 변화라도 줄 수 있을까 싶어 매크로비오틱이나 식사요법 책을 읽으면서 두유를 사용한 스튜와 카레 등도 만들었고 둘째 아이의 첫돌에는 고구마 반죽의 수제 케이크로 축하를 했습니다.

그런 저의 필사적인 노력이 헛되지 않아 둘째 아이의 알레르기는 단기간에 극적으로 개선되었습니다. 체질적인 것을 근본적으로 치료하기는 어려워도 몸의 습진은 극히 일부만 남게 되었고 조금씩 금지목록을 해제하면서 이유식에 도전할 수 있게 되었습니다.

그런데 말입니다. 여유가 전혀 없어진 저는 당시 두 살 된, 한창 귀여운 나이, 한창 응석 피울 나이의 큰아이를 매일 야단만 치고 있었습니다. 큰아이는 둘째가 태어나면서부터 퇴행이 심해져서 미친 듯이 소리쳐 울고 어리광만 부리고 위험한 짓만 했습니다. 이불을 말리고 청소를 하지 않으면 안 되는데 착 달라붙어 방해를 하여서 매일 수면 부족으로 지쳐 있었던 저를 힘들게 하므로 큰 소리로 화를 내거나 때로는 손을 들어 때리는 일까지 생겼습니다. 남편에게도 "요즘 웃는 걸 도통 못 보겠어"라는 말을 들었던 저는 육아 노이로제 직전이었습니다.

매일 이를 악물고 쉼 없이 노력했던 이 시기, 저는 그만큼 필사적으로 돌본 둘째 아이가 언제 기고 일어섰는지, 처음 말한 낱말은 무엇이었는지 전혀 기억하지 못합니다. 둘째가 태어날 때까지는 큰아이가 그저 사랑스러워서 사진과 동영상을 한껏 찍었는데 정말로 이 시기의 기록은 아주 조금밖에 남아 있지 않습니다.

결과론이지만 본인의 성장에 맡겨 두고 있으면 극적인 변화는 없어도 어느 정도까지는 자연스럽게 안정되었을지도 모릅니다. 둘째 아이에게 필요한 치료이기는 했지만 그렇게까지 희생을 치러서 좋았던 것일까 하고 지금도 확신이 안 섭니다. 엄마가 필사적이 되어 지나치게 애쓰면 그것과 맞바꾸어 잃어버리는 것도 대단히 크다고 느낍니다.

이 시기의 경험을 바탕으로 지금은 식사요법 및 치료교육과 관련하여,

- 체질 개선, 잘 못 먹는 것 극복은 '가능한 범위에서 가능한 것'만으로 괜찮다.
- 지도자에게 지나치게 의존하지 않고 자기 눈앞의 아이를 잘 관찰하여 스스로 생각하고 스스로 판단한다.
- '아이를 위해!'라고 외곬로 치닫지 말고 엄마도 편하고 즐길 수 있는 것을 도입한다.

① 아이를 대하는 법 기본 편
② 읽기 쉽게 전달하는 방법 기본 편
③ 가정생활 연구 기본 편
④ 나들이를 위한 연구 편
⑤ 학교·유치원 생활 연구 편
⑥ 학습 서포트 편
⑦ 욱해서 진이 빠질 때 대처법 편

라는 것을 명심하게 되었습니다. 엄마가 '아이를 위해!'라며 모든 에너지를 �춰 버리면 생각대로 일이 굴러가지 않을 때 결과에 휘둘리게 되고 아이에게 짜증을 내게 됩니다. 자신의 속도와 자신에게 맞는 방법으로 무리하지 않고 즐겁게 지속할 수 있는 방법을 발견하는 것이 결과적으로는 진정한 의미에서 아이를 위하는 (그리고 다른 가족을 위해서도) 길이 된다고 생각합니다.

① 아이를 대하는 편 기본 편

② 알기 쉽게 전달하는 방법 기본 편

③ 가정생활 연구 기본 편

④ 나들이를 위한 연구 편

⑤ 학교유치원 생활 연구 편

⑥ 학습 서포트 편

⑦ 옷에 대한 배려 및 몸치장 편

033

화장실 사용이 서툴다 ▶
'화장실 사용법'을 붙여 둔다

우리 집에는 '우리 집 화장실 사용법'이라는 만화풍의 손그림 일러스트가 화장실 벽에 붙어 있습니다(5쪽 12).

한마디로 '화장실'이라고 해도 남자용/겸용, 양식/쪼그려앉기 식, '물 내리는 방법'이나 '문 잠그는 법'도 각각 다르고 남자와 여자의 '사용법'도 다릅니다. 갖가지 두고 나오는 물건이나 실수도 많아서 일일이 "털었니?" "닦았니?" "물 내렸어?"라고 묻는 게 귀찮았던 터, 남녀/대소의 순서를 한 장에 정리하여 벽에 붙였습니다. 또 일상생활 속 자립 훈련을 돕는 유아용 도감에 실려 있는 '휴지 감는 법'도 붙여 두었습니다.

막내도 유치원에 들어가기 전 오빠들을 모델 삼아 능숙하게 화장실을 사용할 수 있게 되었지만 "팬티가 싫어!"라는 고집이 있었습니다. 팬티를 내리는 타이밍이 늦거나 기저귀에서 팬티로 갈아탔을 때의 허전한 감각 등의 이유가 있었던 듯, 억지로 입혀도 곧바로 벗어 버리곤 했습니다(오빠들도 화장실을 처음 사용했을 무렵에는 '노 팬티파'였습니다).

유치원 입학이 눈앞에 다가와 있었으므로 어떻게든 팬티를 입는 습관을 들여 보고자 딸아이가 좋아하는 옷 갈아입히기 놀이를 힌트 삼아 장치 카드를 만들었습니다(5쪽 13). 팬티에 해당하는 투명 부분이 뒤쪽 바를 슬라이드시키면 집에 있는 실물과 동일한 그림이 그려진 팬티로 변합니다. "오늘은 어떤 것으로 입을까?" 하고 같이 놀면서 팬티를 입은 자신의 이미지에 친숙해지도록 했습니다. 'OK카드'도 등장시켜서 혹시 젖었을 때는 이렇게 하면 된다는 대처법을 곁들였더니 안심하는 모습이었습니다. 이 장치는 딸아이 마음에 꼭 들어서 팬티를 입게 되었습니다.

또 에러 대책으로 선술집 남자 화장실처럼 '변기 과녁 스티커'를 변기 안쪽에 붙이고 변좌 뚜껑 안쪽에 "깨끗하게 사용해서 고마워"라는 메시지를 붙였습니다(6쪽 14). 변기 청소용 시트와 스프레이식 변기 세제 등도 옆에 놓아 둡니다.

이처럼 약간의 연구와 가족 모두의 협력으로 엄마의 일을 줄일 수 있답니다.

034 정리를 못한다 ▶
정리를 못하는 아이는 발상력이 풍부

저는 인터넷에서 본 '천재는 책상이 더럽다?'라는 큐레이션 기사를 무척 든든하게 생각하고 있습니다 (^^) 스티브 잡스나 아인슈타인 등 혁신적인 아이디어와 창조성을 가진 유명인사들의 책상 위에는 온갖 물건이 흩어져 있다는 것입니다. '정리정돈'이 안 된다는 것이 반드시 마이너스 면만 있는 것은 아니라는, 사물을 보는 시각을 바꾸는 계기가 되었습니다.

'凸凹씨'는 감각의 예민함 등 때문에 대량의 정보 처리를 쫓아가지 못하거나, 중요한 것과 그렇지 않은 것 선별이 어렵거나, 신경 쓰지 않아도 될 것에 집착하거나, 중요한 것을 듣지 않거나 합니다. 때문에 '집착'하거나 '부주의'한 것으로 취급되는 경우가 많습니다. '필요한 정보'와 '불필요한 정보'의 구별이 안 되면 방이나 책상 위도 어질러져 '정리를 못한다'는 말을 듣게 됩니다. 하지만 저는 '정리를 못한다'는 것 자체는 타고난 것으로, 좋다 나쁘다 판단할 것이 아니며, 창의적이며 발상력이 풍부한 증거라고 생각합니다.

어질러진 방은 그 특징의 드러남에 지나지 않는데 '칠칠치 못하다'고 단정해 버리면 안타까운 일이죠. 학교로부터는 "책상 위아래가 모두 지저분합니다"라는 평가를 받는 큰아이이지만 얼핏 보면 아무것도 없어 보이는 장소에서도 빈 깡통 하나, 나무판자 하나로 새로운 놀이를 떠올려서 잘도 놉니다.

단, '어질러져 있다'는 것과 '비위생'은 별개 문제입니다. 창가에서 번쩍이는 페트병의 녹색 액체나 책상 서랍 깊숙한 곳과 침대 아래에서 발견되는 말라비틀어진 어육 소시지는 소중히 간직하지 않아도 될 것들이지요. 자유연구의 소재가 아니라면 바로 버립니다.

또한 모처럼 창의적인 발상이 떠올라도 '이게 없네! 저것도 없어!'라는 상황이 되면 그것을 현실에서 형태로 구체화하는 데까지 이르지 못합니다. 생활에 곤란을 겪지 않을 최소한의 정리 방법을 익히게 하고 넘쳐나는 정보에 지치지 않게 돌보면서 아이가 가진 창의적인 플러스 면에도 눈길을 주어 소중하게 다루고 싶습니다.

① 아이를 대하는 법 기본 편

② 읽기 쉽게 전달하는 생활 기본 편

③ 가정생활 연구 기본 편

④ 나들이를 위한 연구 편

⑤ 학교/유치원 생활 연구 편

⑥ 학교 생활 서포트 편

⑦ 욕에 진이 빠질 때 대처법 편

035 누구의 물건인지 알 수 없어! ▶ 각자의 이미지 컬러를 정한다

우리 집의 '수납 스킬'은 아름답고 질서정연한 것과는 거리가 있지만 '모두가 함께 생활하는 데 곤란하지 않은 최저의 기준'을 연구하는 데서 나옵니다. 그 하나의 예로, 삼남매의 물건들이 뒤엉켜 넘치고 있으므로 첫째 아이는 파란색, 둘째는 녹색, 막내딸은 분홍, 엄마 아빠는 회색 혹은 갈색. 이런 식으로 이미지 컬러를 정하여 한눈에 알아볼 수 있도록 색을 구분합니다.

물건에 컬러 테이프를 감거나 수납상자에는 각자의 색으로 된 라벨을 붙이고 식기 등은 시판하는 것 중에서 각자의 색을 갖춥니다. 학용품에도 각자의 컬러 테이프를 연필 한 자루까지 빼놓지 않고 감아 두면 누군가 주워도 주인을 금세 알 수 있는 만큼 학교에서도 유실물 대책이 됩니다. 우산 손잡이 등에도 컬러 테이프로 색을 구분하여 표시해 두면 비슷한 우산더미에서 자신의 것을 쉽게 발견할 수 있습니다.

036 언제나 뒤죽박죽! ▶
'사물 이름 라벨'로 일석이조

한자 외우기가 잘 안 되는 큰아이, 어휘를 늘렸으면 하는 둘째, 문자를 이제 막 알기 시작한 막내 각각에게 도움을 줄 겸 수납도 할 겸 '사물 이름 라벨'을 모든 물건에 붙여 놓았습니다(6쪽 15). 셀로판테이프나 마스킹테이프에 매직으로 물건의 이름을 써서 모든 문방구, 가전, 장난감 상자, 부엌 잡화, 조미료, 청소도구 등에 붙입니다. '거실', '욕실' 등 장소 이름도 입구 출입문에 붙입니다. 집 안 모든 곳에 붙이는 게 만만치는 않습니다만 사용 빈도가 높은 것일수록 글자에 금세 익숙해집니다. '연필/가위' 등 작은 물건은 케이스나 서랍에, '빗자루'와 '쓰레받기'는 본체와 걸어 두는 수납장소 모두에 붙이면 수납장소도 알기 쉽습니다. '사물의 이름 라벨'로 수납과 문자 학습의 일석이조가 됩니다.

①아이를 대하는 법 기본 편

②알기 쉽게 전달하는 방법 기본 편

③가정생활 연구 기본 편

④나들이를 위한 연구 편

⑤학교/유치원생활 연구 편

⑥학습 서포트 편

⑦육아에 진이 빠질 때 대처법 편

037 중요한 것이 안 보여! ▶ '전용 박스'에 한 덩어리로

큰아이는 늘 무언가를 찾고 있습니다. 하지만 '큰아이는 투명 패키지에 넣어 두면 쉽게 찾는다'는 법칙을 발견한 후 수납은 보기에 멋진 박스에서 단순한 투명 플라스틱 박스로 바뀌었습니다. 통째로 뒤엎지 않아도 내용물이 일목요연하게 보이는, 수납의 '시각화'입니다.

닌텐도 DS, 포인트 수첩 등 안 보이면 큰아이가 패닉에 빠지는 중요 아이템은 큰아이용 '전용 박스' 한 곳에 모아 두었더니 생활이 꽤 안정되었습니다. 청소할 때 이것들이 어딘가에 떨어져 있으면 '박스'에 도로 넣어 두기만 하면 되니 편합니다. 관리가 손쉬워서 둘째용도 나란히 놓아두었습니다.

그 후부터 '이게 없네! 저게 없네!' 하며 허둥대는 시간과 노력이 꽤 많이 절약되고 있습니다.

038

물건을 찾다 말고 딴짓한다 ▶
자주 잃어버리는 물건에는 끈을 단다

'자주 잃어버리는 물건에는 끈을 단다'는 것이 우리 집 정리의 철칙입니다.

가위나 테이프 등 일상적으로 자주 쓰는 문구에는 끈을 달고 구멍을 뚫은 펜 몸통에 그 끈을 꿰어 정위치에 놓아둡니다. 이러면 공작이나 숙제에 모처럼 몰두했다가 가위를 찾던 중에 손에 들어온 만화잡지를 읽기 시작하는 식의 문제는 (어느 정도) 예방할 수 있습니다. 물론 자유롭게 사용할 수 있는 가위도 있지만 '없을 때는 이곳을 찾아보면 된다'는 것을 알고 있으므로 안정된 상태에서 공작에 집중할 수 있습니다.

가위는 끈을 잘라서 가지고 갈 수 없도록 생활용품점 휴대 스트랩 코너에 있는 스프링식 코드로 묶어 놓았습니다. 함께 사용하는 빈도가 높은 색종이나 메모용지로 쓰는 이면지 다발은 클립으로 고정한 다음 옆에 후크로 매달아 놓습니다.

① 아이를 대하는 법 기본 편

② 알기 쉽게 전달하는 방법 기본 편

③ 가정생활 연구 기본 편

④ 나들이를 위한 연구 편

⑤ 학교/유치원 생활 연구 편

⑥ 학습 서포트 편

⑦ 육아에 지쳐 빠질 때 대처법 편

039 목욕이 싫어 ▶ 즐거운 목욕 놀이 6가지

'매일매일 꼭'까지는 아니어도 목욕은 날마다 거르지 않았으면 하는 바람이 있는 데다가 매일 할 수 있는 스킨십의 기회가 되므로 가능하면 함께 하고 있습니다. 목욕은 그야말로 치료교육 놀이의 보물창고입니다! 아주 살짝 치료교육 개념을 가미한 소통 놀이 등을 즐겁게 하다 보면 어느새 목욕 시간은 기다려지는 시간으로 변합니다.

1. 수건으로 풍선 : 수건 한 장으로 할 수 있는 즐거운 감각 놀이. 욕조에 수건을 풍선처럼 띄우고 불룩하게 부풀어 오른 곳을 움켜쥡니다. 물 밑으로 밀어 넣어 부글부글 거품이 올라오게 하거나 (풍선 터뜨리듯) 왈칵 움켜잡으며 야단법석을 떨기도 합니다.

2. 등에 글자 쓰기 : 등을 씻으면서 "뭐라고 썼을까요?" 하며 문자나 마크를 알아맞히는 놀이로, 문자 인식이나 보디 이미지 트레이닝이 됩니다. '사/랑/해'라든가 '미/안/해' 등 입으로는 말하기 쑥스러운 것도 놀이의 한 부분으로 전달할 수 있습니다.

3. 몸의 점 찾기 : 보디 이미지를 습득하고 주의 깊게 보는 연습도 됩니다. 밤하늘에서 별자리 찾는 것과 같아요. 간질간질 간질이는 가운데 즐거운 발견을 하게 됩니다.

4. 입욕제 풀어서 더듬어 찾는 놀이 : 유백색의 불투명 입욕제를 풀어서 다같이 "누구의 발일까나~" 하고 발바닥을 긁거나 구슬 등 작은 장난감을 손으로 더듬어서 찾는 놀이.

5. 흔들흔들, 둥실둥실 : 긴장을 풀지 못하는 아이, 신체의 힘을 빼는 방법을 모르는 큰아이에게는 욕조에서 뜨는 연습을 종종 시킵니다. 처음에는 부모의 어깨에 머리를 눕히고 숨을 뱉었다 들이마셨다 하면 몸이 떴다 가라앉았다 하는 것을 가르쳐 줍니다. 막내는 배나 등에 올려놓고 뱃놀이를 합니다. '모모타로' 이야기(물에 떠내려온 복숭아를 둘러싼 전설 -편집자)를 곁들였더니 재미나서 욕조에 들어가고 싶어 하게 되었습니다.

6. 숫자 세기 : 욕조에서 나올 때 숫자를 세는 것도 조금 더 궁리하면 효과가 배로 커집니다. 세면서 손가락끼리 마주 대거나 시소처럼 아래위로 들어 올리면서 움직임을 덧붙입니다. 마지막에는 '10'이나 '100' 등 단락을 짓기 좋은 숫자에 '슝'하고 로켓 발사 시늉을 하며 욕조에서 나오면 놀이 속에서 숫자 감각이 길러집니다.

샴푸를 괴로워하는 막내딸을 위해 처음엔 제가 아이에게 제 머리를 감기게 하는 실험대가 되었습니다. 그러고선 공주 놀이를 좋아하는 아이에게 "공주님은 매일 머리를 감는다"고 들려주고 조금이라도 샴푸에 성공하면 "음~ 좋은 냄새!"라고 칭찬했습니다.

지금도 물통으로 한 번에 물을 들이부어 감는 것은 무리이지만 미용실에서 하듯 머리를 위로 향하게 하고 샤워기나 물뿌리개로 천천히 조금씩 물을 뿌려 감는 것은 할 수 있습니다. 익숙해질 때까지 첫째 아이는 샴푸 모자, 둘째는 수중 고글을 사용했습니다. 샴푸는 눈에 들어가도 아프지 않는 저자극 어린이용 샴푸를 쓰고, 남자 아이들은 무첨가 비누를 씁니다.

욕탕 물이 뜨거우면 금세 지치는 둘째는 마지막에 들어가서 가볍게 하거나 샤워만 합니다. 그것마저 성가셔하지만 형이 욕탕 놀이에 초대하면 둘이서 욕조에서 오래도록 놀 때도 있습니다.

우리 가족은 예전에는 다섯 명 모두 함께 욕조에 들어가기도 했습니다. 하지만 아이들이 성장함에 따라 욕조도 비좁아진 만큼 지금은 '아빠와 함께 팀'과 '엄마와 함께 팀'으로 나뉘어져 있습니다. 때때로 첫째 아이가 혼자 들어가는 날도 있어 이 풍경도 앞으로 몇 년이나 갈지 조금 쓸쓸한 기분이 들기도 하지만 함께 들어갈 수 있는 동안은 목욕 타임을 활용하고 싶습니다.

① 아이를 대하는 법 기본 편

② 알기 쉽게 전달하는 방법 기본 편

③ 가정생활 연구 기본 편

④ 나듦이를 위한 연구 편

⑤ 학교·유치원 생활 연구 편

⑥ 학습 서포트 편

⑦ 육아에 진이 빠질 때 대처법 편

040 잠 안 자는 아기와 서바이벌 ▶ 되도록 함께, 되도록 쉰다!

아기가 '자지 않는다'는 것은 엄마에게 부담이 크고 괴로운 일입니다.

첫째 아이는 아기 때 그다지 자지 않는 아이였습니다. 오감이 민감하여 약간의 바람 소리나 커튼의 움직임, 품 안에서 이부자리로 옮겼을 때의 감촉이나 온도, 인기척의 유무 등으로 잠을 깨곤 했습니다. 당시 남편은 재채기가 나오려 하면 옆방으로 급히 뛰어 들어갈 정도였습니다.(^^)

저도 하루 종일 아이를 내려놓지 못해 안고 있다시피 했으니 당연히 잠을 통 자지 못했습니다. 수면 부족과 요통이 심했고 과로와 유선염으로 고열이 나서 구급차 신세를 진 적도 있었습니다. 이런 갓난아기 시절을 넘긴 것만으로도 충분히 기적이라고 생각합니다. 자주 듣게 되는, '엄마가 되도록이면 잘 쉰다!'가 갓난아기 시기를 넘기는 서바이벌 법의 기본입니다.

제가 가혹한 상황에서 어떻게 살아남았는가 하면 그야말로 '곁잠'으로 잠깐이라도 함께 자고, 아주 잠깐이라도 자신을 위한 릴랙스 시간을 만든 덕이었습니다.

그 당시에 시도했던, 아이로부터 살짝 떨어지기 위한 궁리는 그 후 둘째 아이와 막내딸의 아기 시절에도 잘 활용했습니다. 곁잠 수

유로 엄마에게서 조금 몸을 떨어뜨리기 시작한 아기에게서 벗어나려면 느긋하게 20분은 기다립니다. 그런 후 아기 손바닥이 펴지고 호흡이 조용해지는 등 잠이 깊이 든 것을 잘 확인한 다음 살짝 빠져나옵니다. 그때 손바닥 가까이에 감촉이 부드러운 봉제인형 같은 것을 두고, 마루타처럼 둥글게 만 담요에 모유 냄새가 밴 패드나 브래지어를 걸쳐서 '엄마 몸을 대신하는 스킬'을 씁니다!(^^)

이렇게 하면 민감한 큰아이도 잠깐 동안은 속아서 가까스로 차를 한잔할 수 있었습니다. 하지만 금세 '호출'당하므로 그렇게 발버둥을 치느니 함께 자는 게 가장 효율이 좋은 방법일지도 모릅니다.

이부자리 주변에는 제가 한숨 돌리기 위한 수예도구나 아이패드, 텔레비전 리모컨, 만화책 등을 언제나 손이 미치는 거리에 두었습니다. 사실 산후엔 눈을 혹사하는 바느질이나 디지털 기기 등은 그다지 권할 만하지 않지만 당시의 저는 '자신을 지키기 위해서는 그렇게라도 하지 않고서는 견딜 수 없는' 기분이었습니다.

민감한 아기일지라도 엄마 배 속에서 있던 자세로 안아 주면 안심하므로 슬링(어깨띠 걸이로 아기를 껴안는 주머니 형태 아기띠) 등도 맹활약했습니다. 밑의 두 아이가 아기였을 때도 날마다 슬링 또는 업는 포대기에 안거나 업고서 유치원에서 돌아오는 큰아이를 맞이하러 갔습니다.

또 아기의 몸을 싸는 포대기 감는 법은 막내가 태어난 산원에서 가르쳐 준 '병아리 감기'가 매우 효과적이었습니다. 아기를 커다란 거즈 천 위에 책상다리 자세로 눕혀 태아와 같은 자세를 하게 한 다음 어깨부터 발끝까지 전체적으로 단단히 둥글게 마는 방법입니다. 이렇게 하면 과민한 신생아도 신기할 정도로 딱 울음을 멈추어

① 아이를 대하는 법 기본 편

② 알기 쉽게 전달하는 방법 기본 편

③ 가정생활 연구 기본 편

④ 나들이를 위한 연구 편

⑤ 학교/유치원 생활 연구 편

⑥ 학습 서포트 편

⑦ 욱하여 집어 삐질 때 대처법 편

서 막내딸의 산후 육아는 무척 편했습니다.

단, 결과적으로 가장 빨리 아기를 안정시키는 지름길은 '엄마가 되도록 같이 있는' 것이 듯합니다.

엄마 배 속이라는 안전한 세상에서 갑자기 밖으로 나온 아기, 특히 감각이 예민한 아기는 1장에서 언급했듯이 태어났을 때부터 공기나 음, 빛 등의 기본적인 정보가 너무 많아 불안에 휩싸여 있으므로 (조금 힘들지만) 엄마가 되도록 많이 안아 주고 되도록 오래 수유하고 되도록 함께 있음으로써 조금씩 안정시켜 주어야 합니다. 그래야 '이 세상은 믿을 만해'라고 생각하여 비로소 푹 잠들게 된다는 것이 세 아이의 신생아기를 얼마간 실패하면서 생존해 온 저의 솔직한 느낌입니다.

영아기에 모자가 되도록 밀착하여 애착을 튼튼하게 형성하는 것은 심리적인 면과 발달 면 모두에서 매우 중요합니다.

하지만 엄마가 기진맥진해 있으면 아기를 사랑스럽다고 느끼기도 힘들어집니다.

조부모 세대의 '안아 주면 버릇 된다'는 생각도 그 시대의 환경에서 비롯된 육아 스타일 중 하나에 지나지 않으므로 마음 쓰지 않아도 된다고 생각합니다. 신참 엄마가 자신감을 가지고 엄마로서의 직감에 순수하게 따르려면 그야말로 '되도록 함께 있고, 되도록 함께 쉬는!' 것이 중요합니다.

이것은 지금도 우리 집에서 지키고 있는 마음가짐이기도 합니다.

041

최소한의 생활 습관이 몸에 붙지 않는다 ▶
'어린이 과업 리스트'를 만든다

① 아이를 대하는 법
기본 편

② 울기 쉽게 전달하는
냉법 기본 편

③ 가정생활 연구
기본 편

④ 나답기를 위한
연구 편

⑤ 학교/유치원 생활
연구 편

⑥ 학습 서포트 편

⑦ 육아에 진이 빠질 때
대처법 편

　우리 집에서는 최소한의 생활 습관을 들이기 위해 앞서 말한 포인트 수첩과 더불어 '어린이 과업 리스트'*도 따로 만들었습니다.

　리스트의 내용은, 잘 자기, 옷 입기, 밥 먹기(3식), 목욕하기, 이 닦기(아침/밤), 학교/유치원 가기, 숙제하기 등 기본적인 것입니다.

　이 '어린이 과업 리스트'를 낱말 카드에 전부 써서 시계열로 배치한 3명분의 리스트를 만들었습니다. 그것을 코르크 보드에 핀과 끈을 활용하여 매단 다음 '과업'이 한 가지 끝날 때마다 카드를 뒤집습니다. 그렇게 해서 모든 카드가 뒤집힌 날은 예의 '포인트 수첩'에 전체 클리어 3포인트가 가산됩니다. 사전에 "이것만 전부 해놓으면 엄마는 잔소리 안 해요"라고 했더니 아이들이 차차 스스로 할 수 있게 되었습니다.

* 페이스북 친구인 이데(井出) 씨가 텔레비전에서 본 방법을 참고하여 아이를 위해 만든 '해야 할 일 리스트' 아이디어에서 힌트를 얻었습니다.

4장

나들이를 위한 연구 편

042

아이를 동반한 쇼핑이 힘겹다! ▶
사 줄 생각이 없으면 데리고 가지 않는
다!

슈퍼마켓에서 뛰어다니고, 카트에서 빠져나가고, 과자 매장에서 발작을 일으켜서 뒹군다. 게다가 폭풍 야단을 친 순간 이웃 여자와 딱 마주치는 불행한 '사고'까지……. '凸凹씨' 아이를 동반한 쇼핑은 그야말로 전쟁. 떠올리는 것만으로 위가 쓰라려 옵니다.

그래서 제가 깨달은 것은 '사 줄 생각이 없다면 데리고 가지 않는다'는 것입니다.

밑의 아이가 유치원에 들어갈 때까지는 엄마가 혼자서 자유롭게 쇼핑할 수 없는 게 현실이지만 어린아이를 동반하여 이것저것 보게 하면서 한사코 "참아"라고 말하는 것은 아이 입장에서 넘어야 할 허들이 너무 높은 듯합니다. 어른도 시식해 놓고 아무것도 사지 않고 돌아서는 것은 꽤나 어려운 일 아닌가요.

아이를 데리고 슈퍼에 갈 때는 이것이 '아이의 훈련'인가 '부모의 사정'인가를 잘 생각합니다. 그리고 '아이의 훈련'이라면 적절한 발달 타이밍을 기다려 아이의 마음이 안정되고 부모도 기분과 시간의 여유가 있을 때 천천히 시도합니다. 그렇지 않고 생활을 위한 필수 쇼핑만 할 때는 생협이나 슈퍼의 배달 서비스를 활용합니다. 배송료는 들지만 아이가 떼를 쓰는 상황을 만들고 그에 굴복하여 '사 주는' 것보다는 가계와 시간과 부모의 에너지 측면 모두에서 효율이 더 좋다고 생각합니다.

남편이 있을 때 엄마 혼자 쇼핑하러 가는 것도 추천합니다. 특히 갓난아기가 있을 때는 딱 한 시간의 쇼핑이 그야말로 천국의 시간 같이 느껴졌답니다.

아이에게 인내를 가르치기 위해서는 먼저 부모 쪽이 여유를 가져야 합니다. 엄마에게 쇼핑을 즐길 여유가 생기면 꼭 아이를 데리고 가세요. 쇼핑은 정말로 멋진, 체험적인 학습과 사회성 익히기 훈련의 보물창고입니다.

① 아이를 대하는 법 기본 편

② 알기 쉽게 전달하는 방법 기본 편

③ 가정생활 연구 기본 편

④ 나들이를 위한 연구 편

⑤ 학교/유치원 생활 연구 편

⑥ 학습 서포트 편

⑦ 욱아에 진이 빠졌을 때 대처법 편

아이에게 슈퍼에서 과자나 과자에 끼워서 파는 장난감을 '어느 정도' 선에서 자제시켜야 할 경우 저는 집을 나서기 전 혹은 가게의 주차장에서 "오늘은 과자는 천 원까지야", 아직 돈 계산이 안 된다면 "오늘은 3개까지야"라며 손가락을 펴 보여 준 다음 "여기에 따를 거면 가자"라고 말하고 아이가 납득하면 점포에 들어갑니다. 납득하지 않을 때는 "장난감은 3천 원 이하라면 살 수 있지만 주스는 다음에" 등 서로 대화를 나눠 타협점을 찾습니다.

또 앞서 등장한 '포인트 수첩'을 활용하여 '갖고 싶은 것은 스스로 돈을 저축하여 사는' 습관이 정착되면서 큰아이도 지금은 간절히 원하는 것을 위해 다른 것을 참을 수 있게 되었습니다.

'졸음', '피로', '공복' 등도 애먹는 원인이 되므로 가게에 데리고 가는 타이밍을 다시 점검하여 미리 밥을 먹인다든지 낮잠 잔 뒤 기분이 좋을 때 데리고 간다든지 식으로 신경을 쓰면 이쪽의 제안도 수월하게 받아들여집니다.

하지만 이같은 '이치'가 통하지 않는 경우도 있습니다. 무턱대고 뭐든지 손에 닿는 대로 갖고 싶어 한다, 약속한 범위를 지키지 않는다, 사 줄 때까지 소란을 피운다…… . 부모는 어찌할 바를 모르게 되지만 이런 행동이 나오면 저는 '아이가 원하는 것은 다른 것'임을 알리는 사인이라고 생각합니다.

이럴 때 우리 집 아이들이 정말로 원하는 것은 엄마의 사랑을 느낄 수 있는 접촉이라고 직감적으로 생각합니다. 우리 집 아이들이 손닿는 대로 뭐든지 갖고 싶어 할 때는 다른 상황에서 한껏 참아서 허전한 느낌을 받았을 때였습니다.

큰아이의 경우는 밑의 아이들이 차례로 태어나 제 손이 미치지 못했을 때, 막내딸은 큰아이 일로 제 머리가 꽉 차 있었을 때였습니다. 둘째 아이는 '폭발한다' 대신 "그냥 아무것도 필요 없어……"라며 자신의 내부로 들어가 '무기력'해졌습니다. 이제 사내아이들은 가게에서 큰 소란은 피우지 않게 되었지만 한창 어리광을 부릴 나이인 막내는 아직 종종 억지를 부립니다. 그런데 사실은 '이게 사고 싶어'가 아니라 '내가 억지를 부려도 엄마는 전부 받아 줘!'라는 사인이라고 생각합니다.

그러므로 그럴 때 부모가 버티지 못하고 마지못해 과자를 사 주어도 아이의 마음이 가득 채워지지 않으면 또 같은 일이 되풀이하여 일어납니다.

그럴 때는 가게에서 해결하려 하지 않습니다(그럴 때야말로 가게에 데리고 가지 않아야 할 시기입니다). 집에 있을 때 되도록 안아 주고, "엄마, 이것 봐요!"라고 말하며 다가올 때 함께 보고, 1장에서 말했듯 알기 쉬운 애정 표현을 써서 가능한 한 접촉을 늘리도록 합니다.

물론 '凸凹씨'는 체질적인 집착도 있으므로 '마음을 채워 주면 모든 것이 해결'이라고는 할 수 없지만 가능한 범위에서 '사랑을 알기 쉽게 전달하면' 그 아이 나름대로 타협할 수 있게 되고 발작이

① 아이를 대하는 법 기본 편

② 알기 쉽게 전달하는 방법 기본 편

③ 가정생활 연구 기본 편

④ 나들이를 위한 연구 편

⑤ 학교·유치원 생활 연구 편

⑥ 학습 서포트 편

⑦ 육아에 지쳐 빠질 때 대처법 편

빠른 시간 안에 가라앉았습니다.

'凸凹씨'들은 감각의 과민성 때문에 기본적인 일상생활에서도 항상 힘들게 인내하고 있는 만큼 사소한 일로 금세 '인내의 컵'이 넘쳐 버리기도 합니다. 이럴 때는 일견 응석받이로 키우는 것처럼 생각되더라도 아이가 억지를 부린다 싶으면 잘 돌봐 주고 휴식하게 하며 아이가 좋아하는 것을 통해 긴장을 풀게 해 줍니다. 그러면 결과적으로 아이가 '인내할 수 있는' 것도 늘어납니다.

참는 것을 가르치려면 컵에 담겨 있는 물 높이를 낮춰 줘야 하는 것입니다.

044 외식이 괴롭다 ▶ 스트레스 받지 않는 외식으로

외식도 '식사는 즐겁게!'가 기본입니다. 우리 집은 아기가 있는 동안은 배달 서비스와 테이크아웃, 방이 따로 있는 가게를 활용했습니다. 지금은 모스버거 배달 서비스, 테이크아웃이 되는 초밥집을 좋아합니다. 아이 돌보기가 버거운 동안은 무리하지 않고 엄마가 손을 덜고 한숨 돌릴 수 있는 조건을 우선시합니다.

아이들이 조금 안정되면 패스트푸드나 쇼핑몰의 푸드코트, 회전초밥집, 휴양지의 호텔 뷔페 등을 선택합니다. 이런 곳들은 원래 시끌벅적하므로 신경을 덜 써도 됩니다. 편식장이 가정에는 푸드코트나 뷔페에서 '고르는' 것이 무척 도움이 됩니다. 체면을 차려야 하는 음식점은 아직 무리이지만 조금씩 길을 들여 가면 대부분의 가게는 별 문제가 없어집니다.

045 병원에서 소란을 피운다 ▶
병원/치과의 선별 포인트

　병원 등에서 아이가 소란을 피우는 경우, 분위기나 대기 시간 때문일 수도 있습니다. 규모가 큰 종합병원은 다양한 환자들이 있어서 불안한 느낌을 받는 모양입니다. 우리 집은 느긋한 분위기에 가벼운 마음으로 갈 수 있고, 키즈 스페이스가 있으며, 오래 기다리지 않고, 무엇이든 상담할 수 있고, 아이의 성장을 따뜻한 눈으로 함께 지켜봐 주는 단골 홈닥터의 병원에 다니고 있습니다.

　처음에는 발달 면에 관한 상담과 수진은 몇 개월에 한 번씩 조금 먼 곳에 있는 전문병원까지 갔는데 특별한 문제가 없으면 단시간 진료로 끝나는 터라 어쩐지 불안하게 느껴졌습니다. 그래서 평소 감기나 알레르기 증상 때문에 다니는 근처의 소아과/내과에서 발달 면에 관해서도 상담을 하게 되었습니다. 큰 문제가 있으면 전문의에게 연결시켜 주고, 다른 질환도 포함하여 종합적으로 진료 받는 메리트가 큽니다.

　알레르기 약을 처방 받으면서 발달 상담을 자주 하고 있습니다. 어렸을 때부터 다녀 익숙한 병원인지라 큰아이도 안심하여 '최근 두통이 있다', '수업이 재미없다', '마음에 안 드는 녀석이 있다' 등의 이야기를 의사 선생님과 나눕니다. '장애'의 진단이 붙을 정도는 아닌 둘째 아이와 막내도 발달 경과를 지켜봐 주시는 등 가족을 모두 함께 봐 주고 있습니다.

한편 병원에서 매너를 지키지 않을 때 "다른 사람에게 폐가 되니까 그만해"라고 말해도 '폐'가 가리키는 것이 무엇인지 전달되지 않습니다. 예를 들어 "소리가 크면 머리가 아파지는 사람도 있으니까 병원에서는 게임기 소리를 꺼 놓자"라고 폐의 구체적인 이유와 '해도 괜찮은 일'을 알려 줍니다. 안정 못 하고 우왕좌왕할 때는 "이 소파의 여기부터 여기까지 앉아 있어", "○○을 하면서 기다려 주겠니"라며 앉을 장소나 무엇을 하며 기다릴지를 구체적으로 알려 줍니다(좋아하는 장난감이나 그림책, 게임기 등을 가져갑니다).

치과는 처음에는 어떤 아이라도 긴장하지요. 큰아이도 올해 잇몸 염증으로 학교에서 통지가 와서 진찰을 받게 되었습니다. 이전에 막내의 충치 때문에 갔던 치과가 어린아이들에게도 정중하게 "다음은 여기에서 공기가 숙 하고 나온단다. 만져 볼래?"라며 일일이 기구를 설명하고 아이에게도 만지게 하여 안심하고 치료받을 수 있었으므로 큰아이 때도 '꼭 이 선생님께'라고 지명 예약했습니다.

치료받기 전 발달장애라는 점, 감각의 과민성(특히 촉각과 미각)이 있다는 점, 예측이 안 되는 상황을 힘들어한다는 점 등을 알렸습니다(이러한 상황에서 나중에 기술할 '서포트 북' 등도 도움이 됩니다).

선생님은 처음에 치료의 전체 흐름을 설명하고 막내 때와 마찬가지로 기구를 설명하면서 만지게 하고 약제의 맛도 아이에게 고르게 했습니다. 입안에 기구를 집어넣기 전에 큰아이가 "정말로 안 아파요?"라고 물으며 불안해 하자 손바닥에 "이 정도일걸?" 하고 강도를 체감으로 알려 주고 줄곧 "잘 견디네", "앞으로 △분이면 끝나"라며 말을 걸어 준 덕에 안정된 상태로 치료를 받을 수 있었

① 아이를 대하는 법 기본 편

② 알기 쉽게 전달하는 방법 기본 편

③ 가정생활 연구 기본 편

④ 나들이를 위한 연구 편

⑤ 학교/유치원 생활 연구 편

⑥ 학습 서포트 편

⑦ 욱하게 진이 빠질 때 대처법 편

습니다. 치료가 끝나자 아이는 "엄청 개운해! 또 오고 싶어!"라며 다음번 정기 진료를 희망할 만큼 마음에 들어 했습니다.

아이에게 충치가 생기면 환자에게 알기 쉽고 정중하게 사전설명을 하여 납득시키면서 치료해 주는 치과를 찾기 바랍니다.

① 아이를 대하는 법 기본 편

② 읽기 쉽게 전달하는 방법 기본 편

③ 가정생활 연구 기본 편

④ 나들이를 위한 연구 편

⑤ 학교/유치원 생활 연구 편

⑥ 학습 서포트 편

⑦ 욱해서 진이 빠질 때 대처법 편

046 눈 깜빡 할 사이에 사라진다 ▶ '어린이용 휴대폰'으로 해결

어린이용 휴대폰 도입은 우리 집의 외출에 혁명적인 변화를 가져왔습니다. 유원지에 도착하자마자 큰아이가 사라지는 바람에 찾아 헤매다 지쳐서는 아이를 찾은 시점에 바로 집으로 돌아오는 경우도 곧잘 있었으니까요.

어린이용 휴대폰은 각 제조사의 다양한 배려 덕에 어린아이라도 사용하기 쉽도록 되어 있습니다. 어떤 제품이라도 거의 공통적으로 있는 것은,

· 버튼이 적어 조작이 간단하다

· 등록된 연락처 외에는 발신/착신이 안 된다

· 인터넷 접속이 제한된다

· GPS 기능이 있어 부모가 아이의 소재를 확인할 수 있다

· 긴급호출 기능이 있다

등입니다. 우리 집의 휴대폰 구입 시기는 큰아이가 초등학교 2학년, 둘째 아이가 유치원 상급반 봄이었습니다. 둘째 아이는 사라지는 타입은 아니지만 스스로 '미아가 되면 어쩌지' 하는 불안감이 강했는데 부적처럼 가지고 있게 하면 안심이 되는지 행동반경이 넓어졌습니다. 요즘은 손목시계형 GPS 부착 단말기도 있습니다.

또 미아가 되기 쉬운 어린아이용으로 멜빵이나 끈이 달린 배낭

139

등도 시판되고 있습니다. '아이에게 끈을 매어 놓는다'는 것에는 찬반이 있겠지만 다동성(多動性)/충동성이 있는 아이의 경우는 부모 입장에서 '안전보다 중요한 것은 없다'라는 의견이 많은 듯합니다. 저도 큰아이가 늘 이리저리 헤집고 다닐 때는 '이 녀석에게 끈을 매달고 싶어!'라고 생각했습니다.

휴대폰이나 멜빵도 '만약의 사태 때 생명선'과 같은 것입니다. 아이를 속박하는 것이 아니라 잘 사용하면 외출 때 안심감을 갖게 해 주어 부모와 아이들의 행동범위를 넓혀 주는 도구가 됩니다.

사용 가능한 도구를 잘 활용하면 활기 넘치는 아이와 나들이를 즐길 수 있습니다.

①아이를 대하는 법
기본 편

②알기 쉽게 전달하는
방법 기본 편

③가정생활 연구
기본 편

④나들이를 위한
연구 편

⑤학교·유치원 생활
연구 편

⑥학습 서포트 편

⑦욱에 진이 빠질 때
대처법 편

047 호텔에 도착하자마자 '집에 가고 싶어' ▶
'가이드'를 만들어 안심시킨다

　여행은 비일상의 연속입니다. '평소와 다른' 것투성이어서 불안감도 높고 그만큼 마음의 준비가 필요합니다. 저는 아이를 안심시키기 위해 가족여행 때도 학교에서 소풍이나 견학 갈 때처럼 '가이드'를 만들고 있습니다(7쪽 16). 되도록 계획 단계부터 아이를 참여시키는 것이 좋습니다.

　'가이드'에는 예정표와 루트를 써넣은 지도, 주변 시설, 숙박 장소, 체험 예정 이벤트 등을 숙박 장소의 홈페이지 등에서 이미지로 알 수 있는 사진을 프린트하여 한 권으로 묶습니다. 예정표는 '출발부터 귀가까지'의 일정을 한눈에 알 수 있는 리스트로 만들어 '구불구불 산길을 간다'나 '점심 먹을 곳은 여기서 찾는다', '교통정체로 늦어질 수도 있지만 △시 안에는 돌아올 수 있다' 등 메모를 써넣습니다.

【안심되는 예정 설명의 요령】

· 예정 변경의 가능성을 알려 준다.

· 만약 예정대로 되지 않은 경우 어떻게 하면 좋을지 알려 준다.

· 그럼에도 예측 불능의 사태가 벌어지면 가족이나 상점 사람들이 도와줄 것이라고 말해 둔다.

큰아이는 초등 3학년 때 캠프에 참가하면서 '만약 (자유 연구를 위한) 투구벌레를 못 잡는다면?', '게임기 배터리가 바닥나면 어떻게 하지?', '국수 만들기 체험장이 만원이면 점심은 못 먹는 건가?', '집에 돌아갈 수 있을까' 등으로 불안해 했습니다. 그래서 "만약 그럴 때는 이렇게 하면 괜찮아"라고 하나하나 대처법을 써서 설명해 주었더니 안정된 상태에서 새로운 것에 도전할 수 있었습니다.

　큰아이는 여행 중 '가이드'를 몇 번이고 체크하며 스스로 기분을 안정시켰습니다. 비가 와서 투구벌레는 잡지 못했지만 캠프는 무척 즐거웠던지 "또 가고 싶어!"라고 하여 올해도 같은 장소로 갔습니다.

　강행군으로 인한 피로 때문에 엄청난 패닉 상태에 빠졌던 과거의 일도 있고 하여 일정은 여유를 가지고 무리하게 짜지 않으려 조심하고 있습니다.

① 아이를 대하는 법
기본 편

② 말기 쉽게 전달하는
방법 기본 편

③ 가정생활 연구
기본 편

④ 나들이를 위한
연구 편

⑤ 학교/유치원 생활
연구 편

⑥ 학습 서포트 편

⑦ 욱어 진이 빠졌을 때
대처법 편

048 인파 속에서 두리번거린다 ▶ '아빠 등을 보고 걷는 거야'

우리 가족은 평소 외출은 자동차 중심에 (제가 사람이 많은 곳을 걷기 어려워하는 이유도 있어서) 사람이 많이 북적대는 곳에는 가지 않도록 하고 있습니다만 일 년에 한 번 명절에 시댁에 갈 때는 기차역 등에서 인파에 휩싸이게 됩니다.

인파 속에서 첫째 아이와 둘째 아이 모두 '어디를 봐야 할지 알 수 없는' 상태가 됩니다. 저마다 다른 방향으로 걷는 사람들, 예측 불가능한 움직임, 색색의 간판과 상점 디스플레이, 두리번두리번 시선을 옮기는 동안에 일행을 놓칠 지경이 됩니다.

그런 상황에서 큰 짐을 지니고 막내 손을 잡고 있으면 위의 아이들을 유도할 수단은 '목소리'뿐입니다. 인파 속에서는 구체적으로 시선의 목표를 정해서 말합니다. "아빠 등을 보고 걷는 거야", "이 청색 배낭을 맨 사람 뒤에 서는 거야", "저기 시계탑까지 가는 거야"…… 하는 식이지요.

옆으로 나란히 걸을 수 없는 곳에서는 아빠가 선두, 다음은 첫째 아이와 둘째 아이, 마지막에 막내와 엄마, 식으로 등산대열의 기본과 같은 스타일입니다. 아빠가 길을 열고 저는 뒤에서 말로 이르면서 아이들의 움직임을 눈으로 쫓습니다.

한쪽 손을 쓸 수 있을 때는 제스처도 매우 효과적입니다. 손바닥

143

을 펴서 "기다려", "스톱!", 그리고 아침 조회 때 '앞으로 나란히' 처럼 팔을 뻗어서 "여기에 줄서", 손가락으로 범위를 지정해서 "여기부터 여기 사이에 있어", 고개를 크게 저으며 "하지 마" 등을 말과 함께 사용하면 알기 쉽고 전달하기 쉽습니다.

또 평소 쇼핑몰 등에 갔을 때도 아이들이 두리번거리거나 사람들과 부딪칠 것 같을 때는 "위험해!"가 아니라 "앞을 보세요", "끝쪽으로 걷자", "엄마 앞에서 걷도록"라고 이르며, '해도 괜찮은 것'을 구체적으로 말해 줍니다. 위험하면 잔소리도 많아지지만 무사히 귀가하면 충분히 휴식을 취하도록 하고 노력한 데 대하여 칭찬하거나 "오늘은 너희들 덕에 쇼핑이 즐거웠어, 고마워"라고 말합니다. 이처럼 인파 속에서는 구체적인 목표물을 말로 이르거나 제스처를 쓰면 두리번거리거나 우왕좌왕하는 것을 궤도 수정할 수 있습니다.

① 아이를 대하는 법 기본 편
② 알기 쉽게 전달하는 방법 기본 편
③ 가정생활 연구 기본 편
④ 나들이를 위한 연구 편
⑤ 학교(유치원) 생활 연구 편
⑥ 학습 서포트 편
⑦ 욱해 진이 빠질 때 대처법 편

049

어쨌거나 위태롭다 ▶
가능한 범위에서 리스크를 줄인다

아이들이 휘말린 사건사고의 뉴스를 접할 때마다 남의 일로만 흘려들을 수 없습니다. 특히 호기심이 강한 아이, 다동성/충동성/부주의성이 높은 아이, 거짓말을 간파할 줄 모르는 아이, 다른 사람의 표정을 읽기 어려운 아이, 지나치게 온순한 아이, 사람을 잘 따르는 아이⋯⋯. '凸凹씨'는 사건사고에 휘말릴 위험이 매우 큰 것 같습니다.

지금이라도 부모가 '가능한 범위에서 가능한 것'을 하면 피해자 혹은 가해자가 될 가능성을 조금이라도 줄일 수 있습니다.

우리 집의 경우 어린이 안전 관련 도감류나 학교에서 나누어 주는 안전교육 팸플릿 등에서 도움을 받고 있습니다. 이 같은 자료에서 혼자 있을 때의 대응이나 재해시 대피방법 등을 복사하여 인터폰이나 부엌문 근처에 붙여 놓습니다. 또 평소에 뉴스의 내용을 알기 쉽게 설명하며 "이런 일도 있을지 모르는데 그럴 때는 이렇게 하면 돼"라고 잡담하듯이 대화를 나눕니다. 임기응변이 어려운 아이에게는 어쨌거나 지식을 늘리도록 해 줍니다. 언젠가 큰아이가 가로줄무늬 옷을 입은 할아버지를 보고 "도둑이 기를 데리고 걸어가고 있다"라며 뛰어들어 온 적이 있습니다. "줄무늬 옷을 입었다고 다 도둑은 아니"라고 가르쳐 주었습니다만.(^^)

한편 발달장애 여부와 상관없이 어떤 아이라도 주위의 무이해나 지나친 질책, 실패 체험 등이 계속되어 자존감을 다친 채 성장하면 반사회적인 행동면이 강화되거나 마음의 병을 앓게 됩니다.

혹은 부주의나 과로에 의한 과실(깜빡 잊는 것), 사회／대인면에서의 스킬이나 법적 지식의 부족(몰랐다) 등으로 가해자가 될 가능성도 있습니다.

아이가 사건사고에 휘말리지 않도록 하는 최대의 억지 효과는 부모가 "많이 사랑해", "언제나 널 지켜보고 있어"라고 말로 또 태도로 매일 전달하는 것이라고 저는 생각합니다. 모든 위험을 다 막을 수는 없을지라도 원래 리스크가 큰 아이에게는 부모의 사랑을 알기 쉽게 전달하면 위험성이 큰 장소에 스스로 뛰어드는 것을 조금이라도 줄일 수 있습니다.

모든 아이가 성인이 될 때까지 안전하게 성장하기를 간절하게 바랍니다.

5 장

학교/유치원 생활 연구 편

감각이 예민한 아이들에게 학교나 어린이집, 유치원은 꽃가루 알레르기를 가진 사람에게 플라타나스 숲, 임산부에게 만원 전철과 같은 것이라고 상상해 보십시오. 고통스럽고 지치고 불안에 싸입니다. 이런 상태의 아이에게 "왜 못하는 거야?", "더 노력해!"라고 말하는 것은 가혹하다는 것을 알 수 있겠지요.

저는 좀 투덜대더라도 우리 집 아이들이 학교에 가기만 해도, 유치원에 가기만 해도 충분히 잘 참고 충분히 잘 노력하고 있다고 늘 생각합니다.

트러블이 있든 물건을 잃어버리든 백지 답안지를 내든 급식을 남기든, 어쨌거나 가기만 해도 우선은 100점 만점입니다. 엄마나 주변 사람이 자신의 괴로움이나 불안감을 알아주기만 해도 부담감이 상당히 줄어든다고 생각합니다.

① 아이를 대하는 법
기본 편

② 알기 쉽게 전달하는
방법 기본 편

③ 가정생활 연구
기본 편

④ 나들이를 위한
연구 편

⑤ 학교(유치원) 생활
연구 편

⑥ 학습 서포트 편

⑦ 욱해 진이 빠질 때
대처법 편

051 초등학교 입학이 불안 ▶
입학 전에 구체적인 이미지를 갖게 한다

둘째 아이가 입학하던 해, 성실하고 긴장하기 쉬우며 불안이 강한 성격인 아이는 입학 전에 "나는 길을 외울 수 없어서 걱정이니까 매일 차로 데려다 줘"라는 등 우는소리를 했습니다(첫째 아이 때는 '가면 익숙해지겠지'라고 무턱대고 학교에 보냈더니 큰 충격을 받아서 준비 부족을 크게 후회했습니다).

입학 전의 '통학로 예비조사'는 '해 두길 잘했다'고 생각합니다. 어린이회의 이벤트에 형제가 참가하여 학교까지 등교하는 아이들과 함께 저도 걸었습니다.

그때 "이 가게에서 꺾어서 가는 거야" 등 말로 계속 확인하며 표지가 될 만한 가게나 꺾는 포인트, 주차장 등의 위험장소를 모두 사진으로 찍었습니다.

그런 다음 돌아와서 구글맵으로 항공사진을 프린트한 후 지나간 길을 빨간 색으로 그려 넣은 지도도 만들었습니다. 사진을 보여 주며 여러 차례 되짚어 이미지를 머릿속에 넣게 합니다.

또 "길이 헛갈리면 어떻게 하면 좋을까', "잘 모르면 녹색 옷을 입은 아주머니(교통지도원)가 도와줄 거야"라고 알려 주어 안심시킵니다. 입학한 다음에라도 좋으니 지도원 등에게 "늘 감사합니다"라고 간단하게 인사를 해 두면 얼굴을 기억해 줍니다.

또 만약 집합시간에 늦은 경우나 학교 가던 중 잊어버린 물건이 생각난 경우, 도중에 다친 경우 등의 대처도 학교의 규칙을 참조하면서 '집으로 돌아올까? 학교까지 갈까?'를 흐름도로 만들어 큰아이에게도 보여 주었습니다.

학교 내부나 학교생활의 흐름 등도 사전에 이미지 만들기를 해 주면 안심합니다. 불안이 강한 아이나 특히 걱정되는 경우는 입학 전에 학교에 부탁하여 부모와 아이가 함께 예비조사를 합니다. 실제로 학교 내부를 사진이나 동영상으로 찍어 두면 좋을 것입니다. 교실이나 드나드는 출입구, 화장실 변기가 좌변기인지 쭈그려 앉는 형태인지, 운동장의 넓이 등 사진이나 동영상을 통해 눈에 익혀 두기만 해도 충격이 완화됩니다. 둘째 아이 때는 형의 앨범에서 "수업은 이런 느낌이야", "운동회는 이런 식이지"라고 보여 줄 수 있었습니다. 큰아이의 경우라면 시판 혹은 무료의 학교생활에 관한 소개 그림책이나 DVD, 동영상 등을 활용하면 됩니다.

그리고 큰아이는 유치원 때 같은 반 친구들을 출석번호로 기억했습니다만 얼굴과 이름을 일치시키는 게 어려운 아이도 있을 것입니다. 그런 경우는 입학식이 끝난 다음에 담임선생님께 같이 사진을 찍자고 부탁하여 이름을 써서 붙여 두면 선생님 얼굴을 빠른 시간 내에 익힐 수 있습니다. 학년이 올라갈 때는 반 친구들 단체사진도 확대 프린트하여 우리 집 게시판에 붙여 둡니다. 학급에 빨리 친숙해지기 위한 장치입니다.

입학을 앞두고 아이뿐 아니라 엄마가 걱정하는 경우도 있을 것입니다. 무리가 아니지요. 저도 매일 함께 등교하고 싶은 심정이었습니다.(^^) 그래서 모르는 일이나 걱정되는 일은 부근의 선배 엄마, 상급생 아이들에게 스스럼없이 물어보았습니다. 저는 '우산을 갖고 가지 않았는데 비가 오면 어쩌지', '멀리 사는 친구와 놀 때는 어떻게 하지', '하교시간이 늦어 학원에 지각하면 어쩌나' 등을 걱정했는데 선배의 지혜가 도움이 되었습니다. 선배들은 그런 걱정도 이미 경험했으므로 매우 친절하게 가르쳐 주었습니다.

'凸凹씨'는 단차가 크면 머뭇거립니다. '유치원 → 초등학교 입학'과 같은 큰 환경 변화가 있을 때는 경사로를 달아 주듯이 단차를 완화해 주면 충격이 꽤 줄어들게 되고 부모도 안심할 수 있습니다.

①아이를 대하는 법 기본 편

②알기 쉽게 전달하는 방법 기본 편

③가정생활 연구 기본 편

④나들이를 위한 연구 편

⑤학교/유치원 생활 연구 편

⑥학습 서포트 편

⑦육아에 진이 빠질 때 대처법 편

052 유치원 입학 후 대성통곡! ▶ '엄마의 하루' 동영상으로 안심시킨다

지난해 막내가 유치원에 들어가면서 8년 만의 자유시간이 찾아왔습니다. 임신과 출산을 세 차례 되풀이하는 동안 늘 집에는 아기나 유아가 있어서 '집에서 혼자 한숨 돌리는' 것이 8년간 불가능했지요. 입학식 다음 날 선생님께 딸을 맡기고 나니 껑충껑충 뛰어 집으로 돌아가고 싶은 기분이었습니다.

'그런데'라고 해야 할지 '역시'라고 해야 할지 딸아이는 대성통곡. 대체로 매년 입학 시기에는 凸凹 성향이 있든 없든 병아리들은 삐약삐약 울부짖습니다. 때문에 그 시기 유치원은 사무 보는 선생님들까지 총동원되어 양팔에 아이들을 껴안고 분주하게 돌아가는 모습을 보아 왔으므로 딸아이가 우는 것도 당연하게 받아들였지요.

엄마와 떨어진 아이가 우는 이유 가운데 '내가 없는 동안 엄마가 어디론가 가 버리지 않을까', 동생이 있는 아이는 '동생에게 엄마를 빼앗겨버리는 게 아닐까'라는, 엄마가 걱정되고 불안한 마음이 있는 것 같습니다.

딸아이에게 "엄마는 보통 때처럼 집에서 빨래하고 있어요"라고 말로 설명해도 좀처럼 믿지 못하므로 저의 하루 행동을 사진과 동영상으로 찍기로 했습니다.

이것도 일종의 시각 지원입니다. "유치원에서 돌아오면 함께 보자꾸나” 하고 약속하고 제가 집안일을 하는 모습을 셀카로 찍은 다음 짤막한 동영상에 “지금부터 빨래를 넙니다. 우리 귀여운 막내는 무얼 하고 있을까” 등 음성 메시지를 넣었습니다. 집에 돌아온 딸아이는 동영상을 몇 번이고 반복해서 본 후 가까스로 ‘엄마는 어디에도 안 간다’는 것을 납득하고 안심했습니다.

페이스북에서 받은 코멘트 중에 성인이 된 딸에게도 이처럼 ‘엄마의 하루 일정표’를 광고지 뒷면에 써서 정해진 위치에 두어 안심시키고 있다는 엄마가 있었습니다. 아이의 나이에 관계없이 ‘보이지 않는 것’에 대해 불안감이 있을 때는 ‘보이도록’ 해 주면 안심시킬 수 있습니다. 진단은 받지 않았지만 감각의 과민함이 약간 있는 딸아이는 지금은 완전히 유치원에 익숙해지고 친구들도 많이 생겨서 즐겁게 다니고 있습니다.

시간표대로 준비물을 챙기지 못한다 ▶
'카드놀이 방식'으로 함께 챙긴다

실은, 물건을 잘 빠뜨리는 큰아이의 다음날 준비는 초등 4학년 때까지 제가 했습니다. 그도 그럴 것이 숙제만으로도 우는소리를 내는데 끝내자마자 "됐어! 그럼 다음은 내일 준비물!" 하고 꽁무니를 쪼아대면 아이는 중도 포기할 지경이 되고 저도 안절부절 못하게 되므로 그 정도는 제가 해치우는 게 백배 낫기 때문입니다.

그렇다고는 해도 '일생 동안 내내 엄마가 준비한다'는 것은 안 될 말이지요. 숙제도 웬만큼 할 수 있게 된 만큼 스몰스텝으로 도전합니다.

우선 집에 있는 교과서와 노트는 날마다 '모두 꺼냄' 하여 바닥에 펼쳐 놓습니다. 그리고 제가 카드놀이를 하듯 시간표를 읽습니다. "1교시~, 국어~. 교과서, 노트, 한자 연습장, 한자 노트~". "네! 네!" 대답하면서 '국어'의 패가 다 갖춰지면 책가방에 넣습니다. 넣은 것은 연락장에 스탬프로 체크 표시를 합니다.

큰아이는 장난감 상자를 비롯하여 일단 전부 뒤집어서 꺼낸 다음에 찾는 유형이므로 놀이처럼 할 수 있는 이 방법이 맞는 것 같았습니다.

한 달 정도 같이 하니까 시간표를 보면서 챙길 수 있게 되었습니다. 이 일을 페이스북에 올렸더니 엄마들이 이 외에도 다양한 의견을 주셨습니다.

- 각 교과의 세트를 사진으로 찍고 화이트보드 등에 시간표를 붙여놓는다 (나카지마 씨, T씨).
- 동일한 방식을, 각 교과별로 밴드나 파일박스로 분류 정리하여 챙기기 쉽도록 한다(가키자키 씨).
- 매일 몽땅 다 가지고 간다(!!)(야오 씨, 사사키 씨)

등. 엄마가 함께해 주면 '凸凹씨'일지라도 초등 고학년, 중/고생이 될 무렵에는 스스로 할 수 있게 되는 아이들도 많은 듯합니다. 아이에게 맞는 방법으로 함께 즐기면서 아이가 할 수 있는 일을 늘려 갑시다.

① 아이를 대하는 법 기본 편

② 알기 쉽게 전달하는 방법 기본 편

③ 가정생활 연구 기본 편

④ 나들이를 위한 연구 편

⑤ 학교/유치원 생활 연구 편

⑥ 학습 서포트 편

⑦ 육아에 진이 빠질 때 대처법 편

054

빈손으로 등교하려 한다 ▶
퀴즈 형식으로 잊고 가는 게
없도록 돕는다

저는 매일 아침 현관에서 등교 전의 큰아이에게 퀴즈를 냅니다. "퀴즈입니다. 학교에 갈 때 필요한 것은 무엇일까요?" "선택 퀴즈입니다. 습자시간이 들었을 때 필요한 것은 다음 중 어느 것? 1. 수영 팬츠 2. 세가닥 땋기 가발 3. 습자 도구" "틀린 것 찾기 퀴즈. 지금, ○○의 복장에 틀린 곳이 세 곳 있습니다. 어디일까요?"

꼭 등교 때가 아니더라도 실수나 잘못에 대한 지적을 받아들이기 어려워하는 아이에게 퀴즈 형식으로 유머를 곁들이면 효과적입니다.

또 무심코 친구의 물건을 가지고 왔을 때는 "○○에게 돌려주고 오렴"이라고 눈에 잘 띄는 색의 스티커에 메모를 써서 붙여 두면 다음 날 아이가 스스로 돌려주고 옵니다.

055 시끌시끌한 소리나 큰 목소리에 취약하다 ▶ '이어머프' 사용 허락을 구한다

① 아이를 대하는 법 기본 편

② 알기 쉽게 전달하는 방법 기본 편

③ 가정생활 연구 기본 편

④ 나들이를 위한 연구 편

⑤ 학교/유치원 생활 연구 편

⑥ 학습 서포트 편

⑦ 욱여 진이 빠질 때 대처법 편

   둘째 아이가 초등학교에 입학하고서 조금 지났을 때 무언가 구체적인 이유가 있는 것은 아닌데 아침부터 축 늘어져서 "피곤해"라고 말하며 일어나지 못하여 학교를 쉰 적이 있었습니다. 뿐만 아니라 "준비물을 빠뜨릴까 봐 걱정"이라며 연락장과 가방을 되풀이 확인하는 행동을 보였습니다.

   무언가 주의받을 만한 일이라도 했나 싶어 담임선생님께 물어보니 "○○는 교사의 말을 주의 깊게 듣고 준비물을 빠뜨리는 일도 없어서 특별히 주의를 줄 일은 없습니다"라는 답변. 그 대목에서 문득 알아차렸습니다. 청각이 과민한 둘째 아이는 귀로 듣는 정보의 선별을 약간 어려워합니다. 다른 사람들은 자연스레 필요한 정보만을 골라서 부담을 줄이지만 청각이 과민하면 잡음이나 자신에게 관계없는 정보도 빠짐없이 수집하여 받아들이는 것이 이유일지도 모릅니다. 다른 아이가 가까이에서 주의나 지도를 받고 있으면 같이 야단을 맞고 있는 것 같은 기분이 되어 함께 기분이 처지고 불안해지는 것입니다. 공감력이 높고 다정한 둘째 아이는 사람이 많으면 축 처져서 '정신적으로 피로'한 상태가 되고 마는 탓에 무언가 손을 쓰지 않으면 학교를 쉬는 날이 많아질 것 같았습니다.

   그래서 학교에서 '이어머프'를 사용할 수 있도록 이해를 구했습니다. '이어머프'란 방음용의 간단한 귀고리로 잡음을 줄여 줄 수 있어 자폐증을 가진 아이가 사용하기도 합니다. 이것을 학교에 가져가기 위해 담임선생님께 상담했더니 "낯선 물건이어서 학급 아이들에게 설명을 해 줬으면 좋겠다"라고 했습니다. 그래서 일학년 아이들도 잘 알아들을 수 있도록, 또 둘째 아이에게 부담이 되지 않도록 궁리하면서 다음과 같은 편지를 썼습니다.

【이어머프와 관련한 부탁 편지】

"1학년 △반 여러분에게

얘들아, 안녕? ○○ 엄마예요. ○○는 귀가 무척 좋아서 여러 소리가 너무 많이 들리는 탓에 지쳐버릴 때가 있어요. 그래서 '이어 머프'라는 귀고리를 합니다. 눈이 나쁜 사람은 안경을 쓰고 꽃가루 알레르기가 있는 사람은 마스크를 쓰는 것과 같아요. 그래도 중요한 소리는 들리니까 보통 때와 같이 재미난 이야기는 해 주세요. 모두의 협력을 부탁해요."

이 문장에 인기 애니메이션 캐릭터의 일러스트를 덧붙여 건넸더니 선생님이 학급 아이들에게 읽어 주셨습니다. "그렇구나~. 귀가 좋은 거구나~"라고 모두가 매우 순수하게 받아들여 이해해 주었다고 합니다.

부끄럼 타는 둘째 아이지만 급식이나 음악 시간 등 약간 소란스러울 때 스스로 착용하거나 친구가 "이어머프 하는 게 어때?" 하고 권하기도 했다는군요. 이어머프로 소리의 부담을 조금 줄여서 피로를 덜 수 있게 되고 점차 학급에도 익숙해지자 이어머프는 필요 없게 되었습니다. 그에 따라 준비물을 되풀이하여 체크하는 행동도 해결되었습니다.

지금도 음악이나 학습발표회 연습이 계속되면 피로가 쌓이는 경우는 있는 모양이지만 그런 시기에는 집에 돌아와서 되도록 조용하게 혼자서 만화를 보거나 헤드폰으로 좋아하는 게임 음악을 들으면서 스스로 귀를 치유합니다.

① 아이를 대하는 법
기본 편

② 읽기 쉽게 전달하는
방법 기본 편

③ 가정생활 연구
기본 편

④ 나들이를 위한
연구 편

⑤ 학교/유치원 생활
연구 편

⑥ 학습 서포트 편

⑦ 육아에 진이 빠질 때
대처법 편

056 연락장을 적어 오지 않는다▶
연락장은 선택 ○ 표시로 해결

쓰기 장애와 부주의성이 있는 큰아이는 연락장을 써 오지 않는 경우가 자주 있습니다. 그래서 미리 주요한 교과와 매번 나오는 숙제 및 준비물을 기입한 다음 여백에 보다 상세한 내용이나 예외를 짤막하게 써넣을 수 있도록 '포맷'을 만들어 동그라미를 치기만 하면 되는 선택식으로 만들어 주었더니 연락장을 써 오게 되었습니다*(7쪽 17). 이것을 매일 쓸 수 있도록 많이 프린트하여 클립보드에 끼우고 하루 한 페이지 '선택하여 동그라미 치기 식'으로 기입할 수 있도록 하고 있습니다. 집에서는 그것을 보면서 다음 날의 준비를 하고, 준비가 끝나면 떼어내어서 다음의 새로운 페이지가 맨위로 오게 한 다음 학교에 가져가게 합니다.

그럼에도 연락장 쓰기를 잊어버렸을 때는 '원래의 시간표대로 가지고 가기'라는 규칙을 선생님과 함께 정했습니다. 선생님이나 친구들에게 스스로 전화하여 확인할 때도 있습니다.

* 이 아이디어는 페이스북에서 저희 큰아이와 닮은 아이를 가진 아키에 씨의 투고에서 힌트를 얻었습니다.

057

책가방 속이 텅텅 비었다 ▶
'뚜껑용 리스트'로 분실물 방지

　지참물은 '학교 갈 때'는 부모가 체크할 수 있어서 괜찮지만 '집에 올 때'는 부모가 무력하게 느껴지기 쉬운 상황입니다. 챙겨 가라고 상기시켜 주는 선생님의 말씀이 기댈 언덕이지만 특별한 일과나 행사가 있는 날이면 우왕좌왕하게 마련이어서 큰아이의 '지참물 깜빡 잊기'가 특히 늘어납니다. 일학년 때는 책가방 속이 텅 빈 채로 돌아오는 경우도 있었습니다.

　그래서 책가방의 뚜껑 뒷면에 들어가는 '지참물 리스트'를 만들어 붙여 두었습니다(7쪽 18). 일러스트로 매일 가지고 돌아와야 하는 물건, 주말에 가지고 돌아오는 물건, 계절이나 날씨에 따라 가지고 오는 물건 등을 정리하여 그렸습니다. 그리고 보리차 등이 든 물통을 잊고 집에 가져오지 않았다면 다음 날은 "마시지 말고 버리도록" 등의 '어떻게 하면 좋을지'의 메모도 덧붙입니다. 이렇게 하면 하교 준비를 할 때 반드시 눈에 들어옵니다.

058 찐득찐득 실내화, 북어가 된 수영복 ▶
투명한 '완전 잘 보이는 백'에 넣는다

　'책가방 뚜껑 리스트'로 '텅 빈 가방'은 없어졌지만 주말에 가져오는 실내화나 체육관용 신발, 수영 수업의 수영복 등은 잊기 쉬워서 지금도 찐득찐득해지거나 북어처럼 말라서 돌아옵니다. 그래서 '휴대 주머니'를 수영가방과 같은 투명 비닐제품으로 바꿨습니다(8쪽 19). 이렇게 하면 내용물을 한눈에 알 수 있으므로 아이도 알아차리기 쉬우며, 텅 비어 있으면 선생님이나 주위 친구들도 말을 거들기 쉽습니다.

　개방감을 좋아하는 유형의 큰아이는 이 '노출' 계열이 맞는 듯하여 필통이나 지갑 등도 투명이나 그물 재질로 마련했습니다. 학교 책상서랍 안에 넣어두는 도구상자도 최근에 망가진 것을 계기로 사무용품 판매대에서 발견한 A4 인쇄용지 보관용의 두꺼운 투명 케이스로 바꾸었습니다.

① 아이를 대하는 법 기본 편

② 알기 쉽게 전달하는 방법 기본 편

③ 가정생활 연구 기본 편

④ 나들이를 위한 연구 편

⑤ 학교/유치원 생활 연구 편

⑥ 학습 서포트 편

⑦ 욱여에 진이 빠질 때 대처법 편

프린트가 꾸깃꾸깃 ▶

059 꺼내 놓는 것을 잊는다면 태그와 순서 카드로

큰아이의 책가방 안에서 매일같이 꾸깃꾸깃 구겨진 숙제용 프린트, 시험지, 학년 통신문, 제출기한을 넘긴 신청용지 등이 나옵니다. 그러한 '중요한 것'은 연락장과 함께 학교 지정의 지퍼 부착 비닐 투명 파일에 넣기로 되어 있었지만 전혀 활용을 할 수 없었습니다.

그래서 당시의 담임선생님이 이 파일 주머니에 끈을 달아 주셨습니다. 이것을 항상 교실 책상 옆의 고리에 걸어두고 프린트 류를 나눠 준 바로 그 시점에 철해 두도록 주의를 환기시킨 결과 꾸깃꾸깃 처박지 않게 되었습니다.

거꾸로, 학교에 가서 선생님께 제출물이나 프린트를 내는 것을 잊는 경우도 많았습니다.

큰아이가 꺼내 놓는 것을 잘 잊는 원인에는 '잊는다'라는 것 이외에 '언제 어디에 내는 것인지 모른다'는 맹점도 있었습니다. 그래서 연락장을 통해 선생님께 제출물을 낼 장소와 타이밍을 물어보고 제출하는 순서를 항목별로 쓴 카드를 만들어 파일 주머니에 붙였습니다. 그렇게 하면 주머니를 책가방에서 꺼냈을 때 그것이 눈에 들어오게 되어 구체적으로 어떻게 행동하면 좋은지 알게 됩니다.

그리고 한쪽 면이 오렌지색이고 다른 쪽이 백색인 카드를 만들어 오렌지 면에 매직펜으로 '연락 있음'이라고 쓰고 백색 면에 '연락 없음(숙제는 내도록)'이라고 썼습니다(8쪽 20). 이것을 제출물이 있는 날은 오렌지색, 없는 날은 흰색 면이 보이도록 제출 주머니 표면에 포켓을 붙였습니다(포켓은, 제출 주머니에 시판하는 소프트카드 케이스를 양면테이프로 붙이고, 카드를 잃어버리지 않도록 카드와 제출 주머니에 구멍을 뚫어서 카드를 넣고 꺼낼 수 있는 정도 길이로 끈을 만들어 묶었습니다).

또 제출물이 있는 날은 학교에 가기 전 카드를 가리켜 보여 주며 "이것 보렴. 신청서를 선생님께 내도록" 하고 말을 한 다음 가방에 넣어 주었더니 "요즘 제출물을 잊지 않고 잘 냅니다"라는 선생님의 통신문을 받게 되었습니다.

060 운동회나 게임에 참가할 수 없다 ▶ '나를 위한 프로그램'으로 안심시킨다

운동회가 가까워 오면 우리 집 아이들은 모두 거칠어지기 시작합니다.(^^) 운동회는 특히 큰아이에게 일 년 중 가장 허들이 높은 행사입니다. 매년 있는 일이므로 저도 다른 일정을 줄이고 스탠바이하여 준비합니다.

우리 집 아이들이 운동회를 힘들어하는 이유는, '불규칙한 일과가 계속된다', '늦더위 속 체온 조절이 어렵다', '초가을은 알레르기가 나타나기 쉽다', '승패에 대한 집착', '신체 접촉이 많다(촉각의 과민성)', '피스톨 소리나 음악 등 큰 음향(청각의 과민성)', '몸놀림이 서툴러서 학급 전체의 발목을 잡는 꼴이 된다' 등등입니다.

다른 아이들도 늦더위 속에서 땀 흘려 가며 준비하겠지만 특히 우리 집 아이들에게는 부담이 무척 커서 매년 이 시기가 되면 거칠어지고 지쳐 하는 기색입니다. 가기 싫어하는 것을 매일 달래 가며 등교시키는 저에게도 시련의 시기입니다.

특히 일학년 때 맨 처음 운동회는 어떤 일이 일어날지 전혀 모르는 상태에서 불안한 마음이 컸습니다. 그래서 '나를 위한 프로그램'을 만들었더니 조금 안정되어 참가할 수 있었던 터라 운동회의 흐름에 익숙해진 지금도 매년 만들어 당일에 가지고 가게 합니다(8쪽 21). 만약 독자적으로 만드는 게 힘들다면 학교에서 배부한 부모

165

용 프로그램에 메시지를 덧붙이기만 해도 괜찮습니다.

【나를 위한 프로그램 작성 포인트】
· 아침에 집을 나선 후 돌아올 때까지의 흐름을 쓴다.
· 가족은 어디에서 지켜보고 있는지, 점심을 먹기로 한 장소 등
· 보면 금세 알 수 있는 말로 표현한 경기 종목명
· 참가 경기, 응원 때의 대기 방법, 집합장소와 타이밍, 화장실 가는 시간 등
· '만약 졌을 때 어떻게 하면 좋을까'도 써 놓든지 사전에 말해 둔다

게임 등에서 승패를 받아들이기 어려워하는 아이는 져서 분한 것뿐만 아니라 '이기면 ○○ 할 수 있다'는 것은 알지만 졌을 때는 도대체 어떻게 하면 되는지 모르기 때문에 패닉 상태에 빠지고 마는 경우도 있는 것으로 생각됩니다.

그런 유형인 큰아이에게는 "1번이 아닌 사람은 미리 들은 색깔 깃발 뒤에서 기다리면 오케이야", "만약 지더라도 자리에서 너희 반을 응원하면 오케이야", "만약 넘어져도 다음 사람에게 바통을 넘겨 주면 오케이야" 등을 알려 주면 상당히 안심했습니다. 본인용 프로그램을 지닌 것을 담임선생님께도 알려서 분실이나 패닉 등이 일어났을 때 대처해 주시도록 부탁드리고 있습니다.

사전 연습에서도 더위와 신체접촉, 큰 음향 등으로 첫째와 둘째 아이 모두 피로가 쌓이는 만큼 이 시기엔 집에서는 되도록 휴식하도록 하여 컨디션을 정비합니다.

이렇게 적응하기가 쉽지 않은 행사이지만 허들을 낮춰서 매년

어찌어찌 참가상을 받습니다. 우리 집에서는 특히 이 시기에 '포인트 수첩'의 포인트 업 작전이 크게 활약합니다.

한편 운동회와 더불어 큰아이가 힘들어하는 것은 레크리에이션의 일환으로 가끔 열리는 '게임 대회'입니다. 학급이나 타 학년 학생들 간 친목을 위한 '즐거움'이어야 할 게임 대회는 큰아이에게는 예측이 안 되는 일이 넘쳐나는 불안과 혼란의 시기입니다. 일학년 때는 맨 처음 순서를 정하기 위한 가위바위보에서 지자 게임 참가 자체를 포기하고 울면서 복도로 뛰쳐나왔습니다. 룰이나 흐름이 복잡한 것은 '플로 차트'를 만들어서 한눈에 전체상을 알 수 있도록 하고, 여기서도 '만약 졌을 때는 어떻게 하면 좋을까'를 알려 주면 혼란을 예방할 수 있습니다(9쪽 22).

포인트는 '도저히 참가할 수 없을 때는 이렇게 해서 기다리면 된다(예: 끝날 때까지 ○○에서 조용하게 기다리도록)'라는 사항까지 적는 것입니다.

복도에서 울며 소란을 피우기보다 교실에서 의자에 앉아 기다리면 전체의 진행에 폐를 끼치는 것을 피할 수 있으며, '전원 강제 참가'의 부담감이 덜어지면 기분에 여유가 생겨서 오히려 참가하기 쉬워집니다. 그리고 게임 결과에 상관없이 만약 참가했다면 "고마워", 참가 못 했어도 얌전하게 기다렸다면 "참 잘했어"입니다.

저는 지기 싫어하는 것은 의욕을 나타내는 동시에 '이기는 자기 이미지'의 강한 증거라고 생각합니다. 자신이 그렸던 이미지와 다르니까 자기 자신에게 화가 나는 모양입니다.

하지만 게임 자체에 참가하지 않으면 이기는 기쁨도 없습니다. 우선 순서 정하기의 가위바위보부터입니다.

① 아이를 대하는 법 기본 편

② 알기 쉽게 전달하는 방법 기본 편

③ 가정생활 연구 기본 편

④ 나들이를 위한 연구 편

⑤ 학교/유치원 생활 연구 편

⑥ 학습 서포트 편

⑦ 욕아에 진이 빠질 때 대처법 편

6 장

학습 서포트 편

061 교과서 해당 부분을 펼치는 게 느리다 ▶ 인덱스로 해결 가능

어느 날의 수업 참관. 딸까닥딸가닥 부시럭부시럭 혼자서 바쁜 첫째 아이. 천천히 페이지를 확인하면서 넘기는 둘째 아이. 다른 아이들은 모두 벌써 교과서를 다 펼쳤건만……. 호기심이 왕성한 것은 첫째 아이의 장점, 신중한 것은 둘째 아이의 장점입니다.

그래서 선생님이 말씀하신 곳을 재빨리 펼칠 수 있도록 교과서에 인덱스(견출지)를 붙였습니다(9쪽 23). 앞면엔 단원 내용, 뒷면엔 쪽수를 써서 견출지가 튀어나오게 붙이면 한눈에 쪽수를 알 수 있습니다.

부끄럼 타는 둘째 아이를 위해서는 교과서 단원이 시작되는 첫 페이지의 '가장자리'를 마커 펜으로 칠해 놓으면 남의 눈에 잘 띄지 않지만 아이가 알아보는 표시가 됩니다. 인텍스를 붙이면 바닥에 떨어뜨린 연필을 주운 다음에도 진도를 쫓아갈 수 있습니다. 조그만 궁리로 약간은 스피드 업이 가능합니다.

062 손놀림이 서툰 아이, 깜빡 잊는 아이, 허둥대는 아이 ▶ 사용하기 쉬운 도구를 골라서 개조한다

①아이를 대하는 법
기본 편

②알기 쉽게 전달하는
말하기 기본 편

③가정생활 연구
기본 편

④나들이를 위한
연구 편

⑤학교생활 연구편

⑥학습 서포트 편

⑦놀이에 깊이 빠질 때
대처법 편

이른바 손놀림이 서툴거나 깜빡 잘 잊거나 LD(학습장애)가 있는 경우 등은 사용하기 쉬운 도구를 골라서 개조하면 안정된 상태로 과제에 몰두하기 쉬워집니다.

연필/캡

자주 잃어버릴 때는 일련번호를 두르거나, 나란히 늘어놓으면 하나의 그림이 되도록 하거나 마스킹테이프 등으로 자신의 것인 줄 알도록 표시를 한다. 연필 뚜껑도 사각이나 다각형을 택하면 잘 구르지 않는다.

필통/펜케이스

찾는 물건, 깜빡 잊는 물건이 많은 큰아이에게는 투명한 지퍼식 필통을 사용하게 했다. 대충 넣어도 내용물이 한눈에 파악된다. 지퍼 잠그는 것을 잊어버려도 내용물이 튀어나오지 않도록 고안된 것이 좋다. 깜빡증 대책으로 도구상자에는 예비용 작은 필통도 넣어 둔다.

사각자/삼각자

손이 벗어나거나 미끄러지는 것을 방지해 주는 시판용 미끄럼 방지 가공 자도 있지만 뒤쪽 면에 볼펜용 수정테이프를 붙이면 미

171

끄럼을 줄여 주는 약식 개조가 가능하다. 오래 사용하는 경우는 양면테이프로 얇은 고무(얇은 고무 봉지를 작게 자른 것 등)를 붙이면 좋다.

분도기(9쪽 24)

분도기는 바깥쪽과 안쪽에 서로 반대 방향인 눈금이 붙어 있는 경우가 많다. 어느 쪽 눈금을 봐야 할지 알 수 없어서 혼란에 빠질 때가 있는데, 그런 경우에는 아이가 보기 쉬운 방향을 남기고 필요 없는 눈금을 일자 드라이버로 깎는다. 눈이 따끔따끔하다, 작은 눈금 선이 읽기 어렵다 등으로 정확하게 각도를 파악하기 어려운 경우는 빨간 자수실 등을 0도에서 중심점까지 테이프로 고정시켜 붙여 주면 측정하기 쉽다. 또 한쪽 방향으로 눈금이 진행되어 360도 잴 수 있는 '전각 분도기'도 알기 쉽다.

노트/자유기입장

노트는 특별한 규제가 없으면 쓰기 장애가 있는 아이는 사각 칸이 큼지막한 것을 고른다.

리코더

리코더는 손가락 구멍 주위에 장난감 스위치(크래프트 스위치)를 만들 때 쓰는 실리콘 재질 초컬릿 펜 등으로 가장자리를 꾸미면 구멍의 위치가 손가락만으로도 찾기 쉬워진다. 눈에 거슬리지 않고, 운지하기 쉬워 손가락이 조금 벗어나도 소리를 내기 좋다.

줄넘기

시판 제품에는 손잡이 부분에 줄을 돌리기 쉽게 하는 베어링과 회전을 안정시키는 튜브가 붙어 있다. 대개의 제품은 보조축을 줄의 중심에 붙여서 줄의 회전을 안정시킨다. 또 10센티미터 정도로 자른 스트레칭용 고무 튜브나 가느다란 원예용 호스를 줄넘기의 손잡이를 벗긴 다음 줄에 끼워도 된다.

우산/접이우산

우산을 접는 동작이 어려운 아이는 학교에 항상 놓아두는 우산은 이단식이나 버튼 개폐식 접이우산이 간단하고 편리하다. 우산을 곧잘 잃어버리거나 망가뜨리는 큰아이 유형에게는 값싼 투명 비닐우산이 시계(視界)도 넓어서 최적이다.

보조주머니

보조주머니는 균형 감각이 약한 아이에게는 책가방 위에 맬 수도 있는 냅색(knapsack) 타입을 추천한다. 천주머니 종류에는 안에 넣는 내용물을 일러스트로 그린 천을 겉에다 꿰맨다. 혹은 내용물 전체를 찍은 사진을 열전사지에 가정용 프린터로 뽑아서 주머니 바깥에 다리미질하여 붙이면 무엇을 넣어야 하는지 한눈에 알게 되어 관리하기 쉽다.

습자 도구

먹물 범벅 대책에는 '세탁하면 빠지는 먹물' 등을 추천한다. 작은 붓을 쓰기 어려운 아이에게는 익숙해질 때까지 펠트펜이나 붓펜으로 쓰게 하는 것도 방법이다. 습자 세트에 걸레를 여분으로 넣어 둔다.

① 아이를 대하는 법 기본 편

② 읽기 쉽게 전달하는 방법 기본 편

③ 가정생활 연구 기본 편

④ 나들이를 위한 연구 편

⑤ 학교/유치원 생활 연구 편

⑥ 학습 서포트 편

⑦ 욕에 진이 빠질 때 대처법 편

063

노트 필기가 전혀 안 된다! ▶
'교과서 노트'를 만든다

칠판의 내용을 노트에 옮겨 쓰는 게 서툰 아이에게는 이유가 있습니다. 예를 들어 '칠판에서 노트로 시선 이동이나 원근감의 조절이 서툴다', '단기 기억력이 약해서 손으로 옮겨 쓰는 사이에 읽은 내용을 잊어버린다', '문자를 정확하게 인식 못 하여 손글씨 글자가 읽기 어렵다', '손끝이 야물지 못하여 쓰는 작업에 시간이 걸린다', '집중력에 편차가 있어 멍하니 있다' 등의 가능성이 있을지 모릅니다. 결코 게으름 피우고 있는 게 아닙니다.

요즘 저희 큰아이는 학년이 높아지면서 수업 진행이나 주위 아이들의 수행 속도를 따라가지 못해 도전하기도 전에 전의 상실하여 노트 필기를 하지 않게 되었습니다. 서툰 것은 어쩔 수 없으므로 제가 할 수 있는 것을 생각하여 가정에서 가능한 소박한 치료교육 놀이를 하면서 격차를 조금이라도 줄이기 위한 연구를 했습니다.

판서 부담이 큰 경우 노트에 교과서를 확대 복사하여 잘라 붙이고 '교과서 노트'를 만듭니다. 이렇게 시선 이동과 옮겨 쓰는 양을 효과적으로 줄여 주면 노트를 하기가 조금 편해집니다(10쪽 25). 우리 집에서는 수학용만 만들었는데 교과서를 20퍼센트 정도 확대 복사하여 해답란이나 메모용 공백 공간(잘 못 푸는 부분은 한 면에 2문제 정도로 크게 잡는다)을 남기고 노트에 붙였습니다.

이렇게 하면 판서 양도 줄고 글자를 읽기도 수월해지고 수업 중에 식이나 계산식에 해답을 쓸 때도 인쇄된 식이나 계산식 아래에 직접 쓰면 되는 데다가(=원 문제를 노트에 쓸 필요가 없어짐) 교과서를 꺼내지 않아도 되므로 상당히 부담이 줄어듭니다.

여기에 또 한 가지 더 손을 썼습니다. 궤도에 오를 때까지 매일 노트를 체크하여 조금이라도 적어 놓았으면 기뻐하는 모양의 스탬프를 찍은 다음 "노트를 했더구나"라고 말로 하거나 "약속 지켜 줘서 고마워"라고 코멘트를 써 놓았습니다. '노트를 한다'는 당연해 보이는 일을 칭찬하고, 하지 못했을 때는 "노트를 조금이라도 적어 주면 지금 어디를 공부하고 있는지 알 수 있으니까 엄마한테 도움이 되는데 말이야" 하고 말을 붙였습니다. 아무도 봐 주지 않으면 의욕이 생겨나지 않잖아요.

조금씩이기는 해도 큰아이는 다시 노트를 하기 시작했습니다.

① 아이를 대하는 법 기본 편

② 읽기 쉽게 전달하는 발성 기본 편

③ 가정생활 연구 기본 편

④ 나들이를 위한 연구 편

⑤ 학교유치원생활 연구 편

⑥ 학습 서포트 편

⑦ 욕에 진이 빠질 때 대처법 편

064

글자 정정 받기를 싫어한다 ▶
'잘했어 잘했어' 작전을 선생님께 부탁

시각적인 정보를 잘 받아들이는 큰아이는 일학년 때 선생님의 주의 깊고 세세한 한자 교정에 상처를 크게 받아 자신감과 의욕을 완전히 상실한 나머지 국어가 든 날은 학교에 가지 않으려 하게 되었습니다.

큰아이는 한자의 모서리와 삐침 등을 인식하기 힘든 모양입니다. 시력에는 문제가 없지만 숫자의 2를 S가 뒤집어진 것처럼 쓰거나 모서리 부분이 뚜렷하지 않게 두루뭉수리하게 글자를 쓰는 특징이 있었습니다. 덧쓰기나 점 잇기 연습 등을 통해 점점 모서리를 인식하게 되었지만 당시는 모서리와 삐침을 정정받아도 본인은 무엇이 다른지를 모르니까 "어디를 어떻게 고쳐야 하는지 알 수 없단 말이야!" 하고 패닉상태에 빠져서 울거나 골을 냈습니다.

이런 감각은 명시적으로 표현하지 않으면 알 수 없는 일이어서 선생님은 전혀 잘못이 없으며 저도 이 '곤경'을 알아챌 때까지 시간이 걸렸습니다.

그래서 선생님께 사정을 말하여 틀린 것은 정정하지 않고 엑스(X) 표시도 하지 않으며 잘된 부분에만 동그라미를 쳐 주십사 부탁드렸습니다. 다행히 선생님은 잘 이해해 주셔서 "○○에게 좋은 방법은 다른 아이들에게도 좋다고 생각하므로 학급 전체에

'잘했어 잘했어 작전'으로 해 보겠습니다"라고 말씀해 주셨습니다. 선생님이 한자 쓰기 노트를 꼼꼼하게 정정하는 첨삭지도에서 친절하게 칭찬하는 첨삭지도로 바꿔 나가자 큰아이의 기분도 조금씩 편안해져서 어떻게든 등교할 수 있게 되었습니다.

저도 집에서 '잘했어 잘했어 작전'을 한껏 펼쳤습니다. 글자가 조금 틀렸더라도 "엄마는 네 글자가 예쁘고 정직한 느낌이 나서 엄청 마음에 들어"라고 흠뻑 칭찬했습니다. 큰아이는 지금도 한자에 자신은 없어 하지만 곰곰이 잘 보아서 형태를 의식하면서 천천히 꼼꼼하게 시간을 들이면 모서리를 표현할 수 있게 되었습니다.

이 '잘했어 잘했어' 작전은 다른 일에도 응용할 수 있어 주변으로부터 주의를 받거나 실패하는 일이 계속되어서 자신감을 잃었을 때 사소한 일이라도 '이 부분은 잘할 수 있구나', '열심히 했구나'라고 칭찬하면 서서히 자신감을 회복시켜 줄 수 있습니다.

① 아이를 대하는 법 기본 편

② 알기 쉽게 전달하는 방법 기본 편

③ 가정생활 연구 기본 편

④ 나들이를 위한 연구 편

⑤ 학교·유치원생활 연구 편

⑥ 학습 서포트 편

⑦ 욱하게 진이 빠질 때 대처법 편

065 숙제에 몰두하지 못한다 ▶
'가능한 범위'에서 함께 한다

학습에 대한 이해력이 충분한 아이라도 LD(학습장애)의 특징을 함께 갖고 있으면 글자를 쓰는 게 서툴거나(쓰기 장애) 글자를 읽는 게 힘들거나(읽기 장애) 단순한 계산이 안 되거나(계산 장애) 합니다. 예를 들어 시험에서 '답은 알고 있는데 글자가 생각나지 않아 쓸 수 없었다' 등 아이와 부모 모두 안타까워 하는 일이 일어납니다. 이 것은 아이의 '노력 부족' 때문이 결코 아닙니다.

저는 이전에 타고난 특성에 대한 이해가 모자라서 학습 관련 허들이 높은 상태의 큰아이에게 매일 "도대체 언제 숙제할 거얏!" 하고 화를 내면서 숙제를 시켰습니다. 때문에 큰아이는 점점 더 공부를 싫어하게 되었지요. 숙제하는 시간이 싫으면 공부도 싫고 학교도 싫어하게 될 가능성이 있습니다.

물론 매일 끈기 있게 숙제 과정에 함께하는 것은 부모에게도 부담이 큽니다. 저도 '아이가 공부를 좋아하게 하려면 공부하고 있을 때 화내지 않아야 한다'는 것을 머리로는 잘 알고 있습니다. 하지만 시간이 흘러도 전혀 숙제할 기미가 보이지 않고 겨우 착수해도 집중하지 못하고 도중에 팽개치고 시간이 많이 걸리고…… 그런 아이의 모습에 지금도 안절부절못합니다.

이런저런 수를 써서 숙제 과정에 함께하여 '가능한 한', '되도록'

화내지 않으려 연구하고 있지만 그래도 안 될 때는 '에고, 어쩔 수 없군'입니다. 화를 내고 말았을 때는 아이가 조금이라도 수행한 부분을 넘치도록 칭찬해서 벌충합니다.

부모의 '칭찬 라인'을 낮춰서 내용이 부실해도 일단 숙제를 끝내면 오케이라든가, 몇 줄이라도 제대로 썼으면 오케이 등 작은 성과라도 '해냈구나!'라고 칭찬하고 인정합니다. 다만 아이의 부담이 너무 큰 경우는 양을 줄여 주도록 담임선생님께 상담해 보는 것도 한 가지 방법입니다.

엄마의 페이스대로 괜찮으니까 '가능한 범위'에서 매일 숙제 과정에 함께해 준 모습은 아이가 성장한 다음에도 마음속 격려가 될 것입니다.

066 여기저기 신경이 흩어진다 ▶
'칸막이'로 집중 가능한 환경을

'부모가 지켜볼 수 있는 거실 학습이 좋다'라고들 하지만 우리 집 현실은 텔레비전과 게임, 만화의 자극과 다른 형제자매로부터의 놀이 유혹이 넘칩니다. 때문에 가까스로 숙제에 착수했는가 싶으면 자신도 모르는 새 눈을 여기저기 돌립니다.

그래서 서로 붙어 있는 형제의 책상 양끝과 사이에 직접 '칸막이'를 만들어서 아이 책상을 개별부스처럼 꾸몄습니다(10쪽 26). 칸막이로 시판하는 데스크용 파티션을 사거나 가구 배치를 바꾸거나 천정에 부착하는 형태의 커튼레일, 버팀기둥, 후크 등을 활용하여 커튼이나 천을 늘어뜨리는 등 궁리하기에 따라 다양한 형태의 개별부스를 만들 수 있습니다. 환경을 조절하여 아이의 주의가 흩어지지 않게 하면 숙제가 좀처럼 진척되지 않는 데 따른 부모의 안절부절도 줄어듭니다.

① 아이를 대하는 법 기본편

② 알기 쉽게 전달하는 방법 기본편

③ 가정생활 연구 기본편

④ 나듦이를 위한 연구편

⑤ 학교유치원 생활 연구편

⑥ 학습 서포트 편

⑦ 욕에 진이 빠질 때 대처법 편

067 숙제 도우미 7가지 ① : 못해! 몰라! ▶ '색연필'로 엄마 선생님

고양이 모습 로봇 아닌 엄마 모습 로봇처럼 아이들이 "엄~마~, 숙제 못하겠어"라고 징징대는 즉시 두두두두! 하고 엄마 선생님의 비밀 도구가 등장합니다. 이것들을 활용하여 나날의 숙제를 서포트하고 있습니다.

저의 숙제 서포트 중 가장 기본은 파란색 색연필입니다. 학교 선생님은 빨간 펜을 쓰지만 엄마 선생님은 큰아이가 좋아하는 파란색으로 써넣습니다. 한자 밑글자, 계산용 눈금의 보조선, 중요한 키워드 동그라미 치기, 힌트, 참 잘했어요 동그라미, 칭찬말…… 등등을 동원하여 아이와 이인삼각으로 함께하고 있습니다.

앞서 말했듯이 큰아이는 일학년 때 한자 쓰기라면 울음이 터질 만큼 싫어해서 전혀 진척이 없었습니다. 그래서 제가 한자 노트에 파란색 연필로 밑쓰기를 하고 '겹쳐 쓰기'로 하면 어찌어찌 시도는 하게 되었습니다.

잘하는 수학도 글자가 제멋대로인 탓에 문제를 푸는 과정에서 자릿수를 맞추지 못해 더하기를 틀리고, 단위가 작은 문자를 쓰지 못하는 문제 등으로 내팽개치므로 그것도 서포트하고 있습니다. 눈금이나 보조선을 그으면 알아보기 쉬워지고, 작은 단위도 밑쓰기를 해 주면 그럭저럭 쓸 수 있습니다.

국어의 문장 문제 등 단어나 문장으로 기입할 때 해답란의 스페이스에 답이 다 들어가지 않아 곤란할 때는 '○○○'이라고 문자 크기의 기준과 문자 수의 힌트를 줍니다.

힘들어하는 작문이나 그림일기에는 '오늘, ○에서, □와, △했습니다'라는 식으로 빈칸 메꾸기식 포맷을 써 주면 "재미있었습니다" 한 줄로 끝나지 않고 해결됩니다.

조금이라도 해낸 부분에는 '참 잘했어요' 동그라미나 칭찬 말을 써넣습니다. 큰아이는 시각적으로 칭찬을 해 주면 무척 기쁜 모양입니다. '글자를 쓰는 것'에 대한 부담을 줄여 주면 안정되어 수행합니다. 엄마가 함께해 주면 잘 못하는 것도 조금은 힘을 내어 합니다.

쓰기장애/읽기장애를 가진 아이뿐 아니라 작은 글씨가 줄지어 있으면 의욕을 잃는 아이나 "너무 어려워서 모르겠어!"라고 포기하는 아이에게도 확대 작전은 효과가 있습니다.

손쉬운 방법은 확대 루페를 사용하는 것. 우리 집에서는 책상에 놓고 핸즈프리로 사용할 수 있으며 각도를 자유자재로 조절할 수 있는 큼지막한 화면의 루페(확대경)를 쓰고 있습니다.

또한 한자 연습장에 있는 글자를 노트에 베껴쓰기 등 특정 방향의 시선 이동이 서툰 경우는 북스탠드 등을 사용하여 연습장을 세워 놓고 루페를 그 앞에 두면 베껴쓰기가 매우 편해집니다.

프린트의 해답란이 좁을 때, 작도를 하기 어려울 때, 정보량이 너무 많다고 느낄 때 등에는 복사기로도 사용할 수 있는 복합 프린트기를 활용하여 핀포인트로 확대 복사하여 노트나 프린트에 붙여줍니다.

또 시각이 과민할 경우 '서체(폰트)'나 '종이의 질', '광원의 색'을 조절하면 읽기 쉬워집니다. 특히 명조체는 선의 두께가 균일하지 않고 글자의 삐침이나 꺾임이 눈을 찌르듯이 아프게 느껴지거나 붕 떠올라서 입체적으로 보이는 아이도 있다고 합니다. 아이가 읽기에 편한 서체를 찾아낼 수 있으면 좋을 것입니다.

프린트할 때도 형광백색의 종이는 눈이 부셔 힘들어 하는 것 같아서 시각이 과민한 아이에게 편한 중질지나 갱지 같은 누런색을 띤 종이를 사용합니다. 보기에 편안한 색은 아이에 따라 다른 것 같지만 '광원'도 조광식으로 하거나 전구 색을 바꾸어 보거나 하면 글자를 읽기가 조금 편해질지도 모릅니다.

프린터는 사진을 활용하는 지원이나 다운로드 가능한 지원 툴, 인터넷에서 검색한 내용의 프린트, 각종 포맷이나 원고양식의 인쇄 등에 쓸 수 있어 한 대 갖추면 지원 가능한 폭이 크게 넓어집니다.

069

숙제 도우미 7가지 ③ :
순서나 한자 암기가 어렵다 ▶
'학습 서포트 카드'를 사용한다

큰아이는 필산(筆算)의 계산 순서와 구구단 등 이른바 '통암기'가 어려운 모양입니다. 또 외우고는 있지만 끄집어내지 못하는 경우도 많고 글자 자모가 얼른 떠오르지 않아 스스로도 답답해 하고 초조해 했습니다. 외우는 것과 기억을 끄집어내는 것은 서로 다른 스킬이 필요하다고 합니다.

이것은 단기 기억력(워킹 메모리)이나 뇌와 손끝의 연계 등이 선천적으로 약한 것이 원인인데, 본인의 '노력'으로는 좀처럼 극복하기 어렵습니다.

문제를 풀었어도 글자가 떠오르지 않으면 답을 쓸 수 없겠지요. 그런 상황에서 제가 직접 만든 다음 세 종류의 '학습 서포트 카드'가 크게 도움이 되었습니다(10쪽 27).

'자모 등 글자 지원 카드' ··· 히라가나 50음표(한글은 자모 24개 표)와, 교과명 및 늘 나오는 숙제, 숫자와 단위 및 등위 등 수학 해답에 자주 쓰는 문자 일람표
'학년별 한자표' ··· 초등학교 전학년의 한자 1,006자를 학년별로 정리한 것
(한자 교육은 한국 상황에 맞지 않으나 학습 서포트 카드의 활용 예로 둠-편집자)
'나눗셈의 필산 차례 카드' ··· 나눗셈의 필산 순서를 기호적으로 나타낸 카드

185

이것들을 엽서 크기로 프린트하여 라미네이팅을 하고 링으로 철하여 학교에도 가지고 가서 수업 중에 참조할 수 있도록 했습니다(시험 때는 적절치 않은 경우 잠시 맡아 두시도록 선생님께 부탁드렸습니다).

또 학습지나 유아잡지의 부록, 학습 포스터나 책받침, 교과서 복사물 등에도 비슷한 것이 있으므로 쓰기 쉽게 축소 프린트 하면 좋습니다. 큰아이는 자모의 경우 수도 없이 참조한 끝에 지금은 서포트 카드 없이도 잘할 수 있게 되었습니다.

집에서 숙제할 때는 A4 사이즈에 프린트한 한자 표나 구구단 표등을 참조하면서 합니다. 글자나 구구단이 "생각 안 나!"라며 안절부절 못하는 경우가 줄어드니까 조금 안정되어 수행할 수 있습니다.

① 아이를 대하는 법 기본 편

② 알기 쉽게 전달하는 방법 기본 편

③ 가정생활 연구 기본 편

④ 나들이를 위한 연구 편

⑤ 학교/유치원 생활 연구 편

⑥ 학습 서포트 편

⑦ 육아에 진이 빠질 때 대처법 편

070

숙제 도우미 7가지 ④ : 양이 많으면 못 한다 ▶
'책받침'으로 가려서 하고 있는 부분만 보이게 한다

둘째 아이는 문제가 줄지어 있으면 압박감을 느끼는 모양입니다. 때문에 수학 연습문제나 계산문제 프린트 등은 불투명의 책받침을 2장 사용하여 지금 풀고 있는 문제만 보이게 합니다.

'하고 있는 곳만 보이게 한다'는 책받침뿐 아니라 연필을 써서 응용할 수도 있습니다. 예를 들어 첫째 아이는 잘 못하는 필산도 계산하고 있는 부분 이외는 제가 연필로 가려서 한 자릿수씩 하게 하면 풀 수 있습니다. 좀처럼 진척이 없는, 스스로 주눅 들어 하는 숙제에 적용하고 있습니다. 간단하게 프린트를 절반 혹은 4분의 1로 접어서 양을 적게 보이게 하는 방법도 있습니다. 또 모눈이 그려진 책받침을 프린트 밑에 깔면 가이드라인이 비치므로 필산의 식을 쓰거나 해답란에 글자를 쓸 때 기준이 됩니다.

이처럼 방대한 문제도 하나하나 해 나가다 보면 언젠가는 끝납니다.

071 숙제 도우미 7가지 ⑤ :
우리 아이, 공부가 안 되는 아이?! ▶
아이에게 맞는 방법을 쓰면 된다!

아이가 선생님의 말씀을 듣지 않으니까 모른다, 들어도 모른다, 교과서를 읽어도 모른다, 잔뜩 써도 기억하지 못한다…… 그렇다고 해서 '공부가 안 되는 아이'라고 결론 내리는 것은 조금 빠르지요!

저는 지금은 '우리 아이에게는 옛날식 읽고 쓰기 중심 수업이나 학습 스타일이 맞지 않는 것일 뿐'이라고 생각합니다. 각각의 아이에게 맞는 학습법을 찾아낼 때까지 '하면 되는 아이'라고 믿고 다양한 방법을 시험해 보아야 하지 않을까요.

귀를 통해 들어오는 정보를 받아들이는 것이 어렵거나 문자를 정확하게 인식하지 못하는 아이는 눈으로 들어오는 정보나 만져서 얻는 정보의 수신 능력이 좋을지도 모릅니다. 또 수업이 지루해서 교과서에 낙서를 하거나 멋진 플립북(여러 장으로 이어지는 그림을 한 권의 책처럼 만들어 빠르게 넘기면 움직이는 것처럼 보이는 종이 묶음-편집자)을 만드는 아이는 스스로 흥미를 가지는 방법이라면 다른 사람 몇 배로 집중할 가능성도 있습니다.

숙제가 진척되지 않을 때도 '실물'을 보여 주면 알기 쉬우므로 임기응변으로 유리구슬, 나무막대기, 과자, 색종이, 몰, 캘린더, 현금 등 장난감이나 일용품을 활용하여 덧셈의 올림이나 도형 등을 가르칠 수 있습니다. '실물'을 실제로 만지고 자르고 먹고 교환함으로써 "아! 알겠어!!"라는 반짝 하는 깨달음이 옵니다.

또 시판하는 교구／지능발달 완구 중에도 훌륭한 것들이 많습니다. 우리 집에서는 '1줄10알×10줄'로 알기 쉽고 컬러풀하며 세워 둘 수 있는 '100알 주판'(국내도 시판 제품 있음-편집자)이나 자석이 들어간 장기 말에 숫자나 자모가 씌어 있어서 숫자의 이해나 말놀이를 할 수 있는 것, 조각으로 된 원반을 가지고 놀면서 분수와 친해지는 '엄마아빠와 함께! 처음 만나는 분수 퍼즐'(이상 구몬 출판), 삼각형이나 정방형 플레이트의 모든 모서리에 자석이 들어 있어서 자유자재로 붙이면서 형태 놀이를 할 수 있는 '피타고라스 산수'(피플) 등을 늘 활용하고 있습니다.

밑의 두 아이도 '장난감'처럼 형의 숙제용 수제 교구나 지능발달 완구로 함께 노는 사이에 알게 모르게 성장합니다. 저는 이 아이에게 맞는 방법만 찾아 주면 사실은 '할 수 있는 아이'라고 저 스스로에게 늘 들려줍니다.

① 아이를 대하는 법 기본 편

② 읽기 쉽게 전달하는 방법 기본 편

③ 가정생활 연구 기본 편

④ 나들이를 위한 연구 편

⑤ 학교/유치원 생활 연구 편

⑥ 학습 서포트 편

⑦ 육아에 지쳐 삐걱될 때 대처법 편

072 숙제 도우미 7가지 ⑥ : 집중 못 한다 ▶ '껌'과 '음악'으로 촉진한다

최근 해외 연구에서 "ADHD 아이가 학습할 때 발로 리듬을 맞추고 다리를 떨거나 의자를 삐걱대는 것은 필요한 행위"라는 결과가 나왔다고 합니다(미국 센트럴플로리다 대학 발표, 기사는 'Labaq. com'에서 인용). 학습할 때 가만히 앉아 있는 것보다 신체를 움직이거나 무언가를 하면서 하는 쪽이 학습효과가 높은 아이들이 있다는 것입니다. 예전부터 실감하고 있었던 분들도 많은 모양인데, 저는 이 기사를 읽고 '바로 이거다!' 하고 생각했습니다. 그래서 숙제할 때 비교적 안정되어 있는 경우에도 손톱이나 옷소매를 질겅질겅 씹는 버릇이 있는 첫째 아이 입에 자일리톨 껌이나 기분전환용 무설탕 사탕을 넣어 주어 보았더니 무척 좋아하며 집에서는 손톱을 씹는 일도 줄어들고 안정되는 듯 숙제에 몰두하는 정도도 많이 좋아졌습니다.

둘째 아이도 예전부터 "좋아하는 음악을 듣고 있으면 숙제가 잘 된다"고 했습니다. CD 플레이어나 닌텐도 DS 등으로 게임 뮤직을 들으면서 하면 기분이 좋아서 재빠르게 할 때도 있습니다. 어른들도 라디오를 들으면서 일을 하는 사람들이 있잖아요.

또 단조로운 숙제나 어려운 숙제를 할 때는 둘째의 등을 줄곧 긁어 주면 그다지 부정적인 기분이 되지 않고 끝나는 듯합니다. 매일 숙제할 때 "엄마, 등 긁어줘~♡"라고 합니다.

또 앉은뱅이 탁자에서 숙제를 할 때 엉덩이를 움찔움찔 움직이는 경우는 고무공이나 도넛 모양의 밸런스 쿠션을 의자 대신 사용합니다. 확실히 움직이는 게 좋은 듯합니다.

예전처럼 '꼼짝 않고 앉아서 공부한다'는 것으로는 학습 효율이 좋지 않고, 움직이는 쪽이 집중 잘 된다, 라는 유형의 아이도 있는 것입니다.

① 아이를 대하는 법 기본 편

② 일기 쉽게 전달하는 방법 기본 편

③ 가정생활 연구 기본 편

④ 나들이를 위한 연구 편

⑤ 학교/유치원 생활 연구 편

⑥ 학습 서포트 편

⑦ 욕에 진이 빠질 때 대처법 편

073

숙제 도우미 7가지 ⑦ : 흥미를 갖지 못한다 ▶
IT 기기는 강력한 우군!

올해 여름방학부터 첫째 아이와 둘째 아이는 PC를 시작했습니다. 또 통신교육 태블릿이나 스마트폰(우리 집은 아이패드), 디지털 카메라도 학습 보조를 위해 자주 사용하고 있습니다. 종이 위에서는 알기 어려운 것, 흥미를 가지기 어려운 것도 동영상이라면 알기 쉽고 흥미를 가질 수 있습니다. 숙제나 자기관리에 다음과 같은 형태로 디지털 제품을 활용하고 있습니다.

· 게임을 좀처럼 끝내기 어려울 때는 스스로 종료 목표 시각의 알람을 설정한다.
· "○○야, 언제부터 숙제 시작할 예정이야?"를 음성 메모로 녹음하여 반복 재생
· PC의 알람 설정으로 숙제 개시 시각을 알린다.
· 통신교육의 태블릿 동영상으로 수월하게 복습
· 흥미가 없거나 잘 안 되는 부분을 검색하여 구구단이나 덧쓰기의 재미난 앱, 공작 제작 매뉴얼이나 뜀틀 넘는 방법 등의 동영상, 일러스트가 첨부된 설명이나 흥미를 가진 것과 관련된 화제의 자료를 프린트하여 쓴다.
· 텍스트 데이터는 PC나 아이패드에 표준 탑재된, 음성으로 읽어 주기 기능을 활용하면 장문 기사 등에 흥미를 가지게 할 수 있다.
· 인쇄물이나 손으로 쓴 짧은 문장은 아이패드 및 스마트폰에서 '구글 번역'의 앱 등을 다운로드하여 기동하고, '카메라' 버튼으로 인쇄물의 텍스트 부분을 사진으로 찍어서 하이라이트로 읽고자 하는 부분을 선택하면 자동으로 텍

스트화 되어 그것을 '음성' 버튼으로 읽게 하여 들을 수 있다.

· 한자 노트 등 학습 기록을 디지털 카메라로 찍어 두고 "예전보다 작은 글자를 쓸 수 있게 되었네!" 등 사진을 보여 주면서 아이 자신과의 비교를 통해 칭찬한다.

등등 잘 사용하면 IT 기기는 정말로 든든한 우군입니다.

① 아이를 대하는 법 기본 편

② 읽기 쉽게 전달하는 방법 기본 편

③ 가정생활 연구 기본 편

④ 나들이를 위한 연구 편

⑤ 학교·유치원 생활 연구 편

⑥ 학습 서포트 편

⑦ 육아에 진이 빠질 때 대처법 편

074 숙제가 지루하고 귀찮다! ▶ 숙제에 재미나게 접근한다

소리 내어 읽는 것은 매일 나오지만 변화가 적은 숙제여서 "귀찮아~!"라며 지루해 하기 마련입니다. 성실하게 수행하면 괜찮지만 집중도가 떨어지면 유연하게 대응하고 있습니다. 소리 내어 읽기의 목적은 '교과서의 내용을 이해하는 것'이라고 생각하므로 이것만 달성하면 되는 것으로 칩니다.

또 일학년은 '계산 카드', 이학년은 '구구단 카드' 식으로 단어장 같은 카드집을 나눠 주고 차례대로 넘기면서 대답한 후 소요시간을 기록표에 남기는 숙제가 나옵니다. 이거, 선생님께는 죄송하지만 부모가 보아도 정말로 따분한 작업입니다. 지시대로 하고 있다 보면 부모자식 간에 도를 닦는 시간이 될 것 같아서 우리 집에서는 '카루타(일본의 카드 게임) 방식'이나 '트램플린'으로 약간 자유롭게 접근했습니다.

【숙제 대응 기술】

소리 내어 읽기를 '읽어서 들려주기'로 한다

아이가 대체로 내용을 읽었다면 소리 내어 읽어서 들려줌으로써 '듣는 연습'으로 변환시키는 경우도 있습니다(이쪽이 큰아이에게는 필요한 과제입니다). 즐거운 이야기를 무서운 말투로, 슬픈 이야기를 밝게, 드라마틱한 이야기를 기계적인 읽기로, 설명문은 억양을 넣은 과장된 표현으로 등 변화를 주어 읽으면 흥미를 가지고 들을 수 있습니다. 엄마는 연기자입니다! 아저씨 목소리, 고양이 소리, 아기 목소리, 사투리도 할 수 있습니다.

내용을 물어보는 '선택 퀴즈'로 한다

내용을 이해하고 있는가 하는 것이 중요하므로 단원의 끝부분에 이르면 소리 내어 읽기 시간은 '퀴즈 시간'이 됩니다. 교과서를 읽어 주면서 "그러면 주인공은 어떤 모자를 발견했을까요? 1.멋진 모자 2.빨간색과 흰색이 섞인 모자 3. 마리오의 모자", "답, 1번!" 등. 정답 외에는 약간 엉뚱한 선택지를 냅니다. 아이가 흥미를 가진 것이나 유머를 섞으면 이야기에 귀 기울이는 연습이 됩니다.

계산 카드는 카루타 방식

예를 들어 덧셈 카드를 고리에서 빼내 전부 흩어서 책상 위에 늘어놓고 제가 "더해서 5!"라고 외치면 아이가 더해서 5가 되는 카드를 카루타 요령으로 찾아서 집어 듭니다. '더해서 5'가 되는 카드는 '1과 4'나 '2와 3' 등 여럿 있으므로 전부 집을 때까지 기다립니다. 어려워할 때는 "이제 한 장 남았어"라고 힌트를 주거나 제 손을 정답 카드 근처에서 어물거리거나 해서 돕습니다. 게임의 승패에 집착하는 아이는 혼자서 해 본 다음 괜찮으면 부모나 형제와 대전하는 것도 즐겁게(그리고 빠르게) 할 수 있는 방법입니다. 그 밖에도 궁리하기에 따라 트럼프 풍 게임으로 접근할 수도 있습니다.

트램플린에서 뛰면서 한다

계산 카드 게임을 가정용 트램플린에서 뛰면서 합니다. 카드는 아이가 가진 경우와 좀 떨어진 곳에서 제가 넘기면서 하는 경우가

① 아이를 대하는 법 기본 편

② 알기 쉽게 전달하는 방법 기본 편

③ 가정생활 연구 기본 편

④ 나들이를 위한 연구 편

⑤ 학교유치원 생활 연구 편

⑥ 학습 서포트 편

⑦ 욱여 진이 빠질 때 대처법 편

있습니다. 리드미컬하게 퐁퐁 대답할 수 있으며 트램플린에서 뛰면서 하면 밸런스 감각과 동체시력을 동시에 키우는 치료교육 놀이도 됩니다. 큰아이는 신체를 움직이면서 하는 것을 무척 즐거워해서 일석이조 일석삼조가 되는 테크닉입니다.

이런 식으로 접근하면 조금 수고스럽긴 하지만 집중하여 할 수 있으므로 수행 시간은 크게 절약되고 뻔한 숙제가 즐거운 시간으로 변합니다.

①아이를 대하는 법 기본 편

②알기 쉽게 전달하는 방법 기본 편

③가정생활 연구 기본 편

④나들이를 위한 연구 편

⑤학교유치원 생활 연구 편

⑥학습 서포트 편

⑦목에 진이 빼질 때 대처법 편

075 방학 숙제가 많아서 기가 질린다 ▶ '숙제 리스트'로 일람을 만든다

엄청 많다는 이상을 주는 '방학 숙제' 등의 과제는 일람 리스트를 만듭니다(11쪽 28). 전체상이 파악되면 예측이 서툰 큰아이도, 느긋하게 자기 페이스로 가는 둘째 아이도 계획적으로 숙제를 해 나갈 수 있고 엄마인 저도 혼란스럽지 않습니다.

우리 집에서는 큼지막한 붙임쪽지(포스트잇 등)에 '일지(日誌)', '공작', '그림일기' 등 항목을 써서 식기장의 유리에 붙입니다. 거기에다 작은 붙임쪽지에 세세하게 과제를 쪼개어서 쓴 것을 포개어 붙입니다. 예를 들어 공작이라면 '만들 것을 정한다', '재료를 준비한다', '만든다' 등. 그래도 어려워하면 '만든다'를 더 세세하게 '자른다', '조립한다', '색칠한다' 등으로 나눕니다. 스몰스텝으로 만들면 어려운 과제도 조금씩 할 수 있고 리스트로 만들면 과제의 우선순위도 매기기 쉬워집니다.

또한 우리 집에서는 어려운 과제 순으로 붙임쪽지 색깔을 나누고 색깔별로 포인트를 매겼습니다. 10포인트인 빨간 붙임쪽지는 '자유 연구'와 힘들어하는 '독서감상문'. 5포인트 오렌지 색 붙임쪽지는 '공작'이나 '습자', '그림일기'. 3포인트인 녹색 붙임쪽지는 '여름의 일지 하루치'. 1포인트인 푸른색 붙임쪽지는 매일 기록하는 '관찰일기 하루치'나 '소리 내어 읽기 하루치'입니다.

리스트를 쳐다보면서 "오늘은 뭐부터 할래?" 하고 말을 걸어 주고, 과제를 해내면 리스트에서 '포인트 수첩'으로 붙임쪽지를 옮겨 붙여 포인트와 교환하는 시스템입니다. 이렇게 함으로써 '큰 덩어리' 숙제를 꽤나 빨리 마칠 수 있었습니다.

그리고 숙제에 사용하는 일지나 프린트, 도화지, 원고지 등과 참고서적이나 자료, 문방구는 형제 각자 한 덩어리가 되게 전부 파일케이스에 넣어서 정리해 둡니다. 그러면 아이들 각자가 숙제할 마음이 되었을 때 그것들을 얼른 내주어 기회를 놓치는 일이 없게 됩니다.

마친 과제는 전부 하나로 모아 A4 봉투에 넣어 두면 성취감도 얻을 수 있습니다. 저도 붙임쪽지로 리스트를 만들어 이 책의 집필이나 자질구레한 가사를 해내고 있습니다. 이런 방법은 지금부터 버릇 들여 놓으면 결국은 아이의 자기관리에 도움이 되리라 생각합니다. 도대체 끝날 것 같지 않던 일도 하나하나 붙임쪽지를 떼어내다 보면 완수하는 순간이 옵니다.

①아이를 대하는 법 기본 편
②알기 쉽게 전달하는 방법 기본 편
③가정생활 연구 기본 편
④나들이를 위한 연구 편
⑤학교/유치원 생활 연구 편
⑥학습 서포트 편
⑦옥에 진이 빠질 때 대처법 편

076 작문/그림일기/독서감상문을 못 쓴다 ▶ 빈칸 메꾸기 작문과 인터뷰로 해결!

어느 여름방학 큰아이의 그림일기. 괴발개발 쓴 한 줄 "캠프 재미있었습니다"와 돌아오는 길에 들러서 먹은 카레 그림……. 부모 입장에서는 "정말로 재미있었던 거야?!"라고 물어보고 싶어집니다. 하지만 설령 집에 돌아온 후 바로 썼더라도 본인은 벌써 많이 잊어버렸기 때문이지 나쁜 마음으로 그러는 것은 아닙니다. 이런 경우에도 조금 더 내용을 충실하게 하는 방법이 있습니다.

먼저 디지털 카메라에서 사진을 찍은 순서대로 보여 주면서 기억의 실마리를 제공합니다. "이런 곳에서 잤었지. 저녁밥은 바비큐를 했고"라고 말해 주면서 출발부터 귀가할 때까지 무엇을 했는지 함께 기억해 내고 가장 인상에 남은 것(주제)를 선택합니다. 경우에 따라서는 사진을 확대하여 그림 자료로 씁니다. 그리고 지정된 그림일기 용지나 '방학 일지' 페이지에 엄마가 빈칸 메꾸기식으로 작문 포맷의 밑쓰기를 파란 색연필로 합니다. 5W1H를 의식하면서 쓰면 좋을 것입니다.

【작문/그림일기의 밑쓰기 포맷 예】

'(제목) ☐

(언제) ○월 ○일 (어디서) ○○고원의 ☐ 에 갔습니다. (누가) ☐

가,

(무엇을) ◻◻◻◻ 을 (어떻게) ◻◻◻◻ 하여, (어떻게 했다) ◻◻◻◻ 했다.
(감상) 나는 ◻◻◻◻ 라고 생각했다.'

'틀'을 알면 그 나름대로 형태가 됩니다. 그림도 사진을 그대로 베낄 필요는 없지만 전체의 인상이나 세세한 부분의 색과 형태 등 기억해 낼 실마리가 있으면 고구마 캘 때 캠핑장의 공기와 냄새, 감촉 등 시각 이외의 정보에 대한 표현도 늘어납니다.

또 글자를 잔뜩 써야 한다는 것만으로 큰아이는 전의를 상실하고 마는 '독서감상문'. 우리 집은 어떻든 원고지의 네모칸을 메꾸고 최소한이라도 좋으니 무언가 써서 제출기한을 맞춘다는 목표 설정으로 허들을 되도록이면 낮춥니다. 먼저 다음과 같이 아이를 인터뷰합니다. 예 : "이 책은 어땠니?" → 메모 → "어떤 점이 마음에 들었어?" → 메모 → "그렇구나, 왜 그렇게 생각하는 거야?" → 메모 → "지금부터 실제로 해 보고 싶은 것이 있니?" → 메모 → "어떤 사람이 읽으면 좋겠니?" → 메모

때때로 "그건 ○○라는 뜻이야?" 등 요점을 확인하면서 이야기를 듣습니다.

메모한 것을 책상에 늘어놓고 "어느 것이 가장 중요하지?" 등 상의하면서 자리를 바꾸어 순서를 정합니다. 그리고 붙임쪽지에 잇는 말(접속사 : '그리고', '하지만' 등)을 써서 알맞은 것을 고른 다음 순서대로 늘어놓은 메모 사이에 붙여 문장을 연결합니다.

다음은 이것을 원고지에 옮겨 쓰기만 하면 됩니다. 하지만 결국

이것이 가장 괴로운 작업이 되므로 네모칸이 큰 원고지를 준비하여 제목과 이름, 서두의 형식을 파란 색연필로 밑쓰기(이래도 쓰지 못하면 전부 밑쓰기) 합니다.

학교가 허락하면 컴퓨터 출력을 해도 되지만 키보드 입력에 익숙해질 때까지는 음성입력 기능을 사용하여 메모를 읽어서 대부분을 입력한 다음 오자 등을 수정합니다.

글자 쓰기에 어려움을 겪는 큰아이이지만 작문과 독서감상문은 이렇게 하여 어떻게든 제출할 수 있습니다.

① 아이를 대하는 법 기본편

② 알기 쉽게 전달하는 방법 기본편

③ 가정생활 연구 기본편

④ 나들이를 위한 연구편

⑤ 학교/유치원 생활 연구편

⑥ 학습 서포트 편

⑦ 육아에 진이 빠질 때 대처법 편

자유연구는 아이와 부모의 콜라보 작품이라고 선생님들도 인식하고 있으므로 부모가 마음껏 도울 수 있습니다. 아이와 주제를 정할 때 "물 위를 달리고 싶어"라든가 "풍선을 타고 하늘을 날고 싶어" 식의 난감한 상황에 맞닥뜨리면 제2, 제3의 후보도 정해 놓고, 실패해도 괜찮으니 일단 시도해 봅니다.

자유연구는 손이 가는 숙제이지만 아이의 호기심을 확장시켜 주고 좋은 추억을 만드는 기회가 되기도 합니다.

【자유연구를 그럴싸하게 완성하는 요령】
· 무엇보다 사진을 많이 찍는다(사진이 없으면 영상, 일러스트를 준비한다)
· 사진 등을 최대한 확대 복사한다
· 짧아도 좋으니 아이 본인이 코멘트와 해설문을 색지에 쓴다
· 확대 복사와 코멘트를 잘라 내어 부모의 센스와 마음을 담아 콜라주한다.

아이의 코멘트는 컬러풀한 만화풍 말풍선으로 만들면 재미난 느낌이 됩니다. '도장'이나 '커다란 강조 표시' 등을 만들어 붙이면 포인트를 알기 쉽습니다. 평범한 투구벌레 관찰도 투구벌레 사진을 바탕종이 크기만큼 확대하면 꽤나 박력이 느껴져 보는 맛이 납

니다.

바탕종이는 우리 집에서는 모조지는 '잘 말리지 않고, 펼치기 어려우며, 찢어지기 쉬워서' 취급하기 어려우므로 큰 스케치북을 사용합니다. 이거라면 조금씩 꾸준히 완성해 나갈 수 있고 발표할 때도 편합니다.

올해는 큰아이의 컴퓨터 연습도 겸해서 문장 입력과 간단한 편집 작업을 가르쳐 주었습니다. 자유연구를 계기로 실용적인 학습을 할 수 있었습니다. 큰아이는 친구들로부터 "컴퓨터를 다룰 수 있다니 대단한걸!"이라는 말을 듣고 자신감을 갖게 된 모양입니다.

부모가 즐거운 마음으로 함께해 주면, 투구벌레를 찾아 헤매다 결국 애완동물 가게의 신세를 졌던 일도 즐거운 추억이 됩니다.

① 아이를 대하는 법 기본 편

② 알기 쉽게 전달하는 방법 기본 편

③ 가정생활 연구 기본 편

④ 나들이를 위한 연구 편

⑤ 학교/유치원 생활 연구 편

⑥ 학습 서포트 편

⑦ 욱하여 집이 빠질 때 대처법 편

078

숙제에 착수하지 않는다 ▶
몰입인지 현실도피인지 가려낸다

아이의 게임 시간과 숙제를 비롯한 학습 시간 사이의 균형 때문에 고민하는 가정이 많을 것입니다. 첫째와 둘째 아이 모두 매일 게임 삼매에 빠진 나날. 지금 컴퓨터 게임인 '마인크래프트'에 열중하여 좀처럼 숙제를 시작하려 하지 않습니다.

저는 예전에 게임 시간을 엄격하게 관리했습니다. '타임 타이머' 등 시각적으로 시간을 알 수 있는 것을 사용하면 멈추기 쉬웠으므로 "숙제를 끝낸 다음 게임은 30분만이야!"라는 식으로 정확하게 쟀습니다.

아이가 어릴 때는 이렇게 해도 괜찮았지만 첫째 아이가 3학년이 된 직후 강하고 뚜렷하게 저에게 의사표시를 했습니다. "엄마, 내가 게임을 하고 싶다고 말했을 때는 할 거야!" 둘째 아이 왈 "나도!"…… 이렇게 된 것입니다. 아이가 강력하게 '하고 싶어!'라고 자신의 의사를 가진 것은 (설령 게임이라 할지라도) 엄마 사정으로 제한하거나 무리하게 억누르지 않는 게 좋겠다고 직감적으로 느꼈습니다.

'게임을 하고 싶다!'는 아이의 집착에 대해 '게임을 지나치게 하지 않았으면 좋겠다'는 것은 부모의 집착이기 때문입니다.

그래서 우리 집에서는 현재 게임 시간은 특별히 제한을 두고 있지 않습니다. 아이가 소중하게 여기는 세계나 가치관은 가능한 존중해 주는 것이 좋다고 생각하여 "살기 위해 필요한 것(자고 먹고 화장실 등)은 하도록"이라고 당부하고 그날 이후 게임 시간 제한은 없어졌습니다.

그렇다고는 해도 '게임을 지나치게 해서 숙제를 할 수 없다' 등의 상황은 부모도 곤란합니다. 이 경우엔 '게임을 너무 많이 한다'와 '숙제에 착수하지 못한다'를 나누어 생각합니다. 아이가 '게임을 지나치게 하고 있을' 때 진짜 즐겁고 좋아서 몰입하고 있는 것인지, 아니면 마주하고 싶지 않은 현실이 있어서 그냥 계속하고 있는 것인지를 아이의 눈과 평소 모습을 잘 관찰하여 판단합니다.

눈이 반짝반짝 하는 전자라면 아이의 세계에 내용을 맞춘 말걸기를 하면 좋을 것입니다, 첫째 아이는 몰입하고 있을 때는 멀리서 큰 소리로 불러도 들리지 않는 것 같으므로 가까이 다가가서 머리나 어깨를 가볍게 콕콕 건드려 주의를 환기시킨 다음 "앞으로 몇 분 더 하면 끝날 것 같니?", "지금 어떤 아이템을 찾고 있는 거야?, 그거 획득하면 숙제 시작할 수 있니?", "어느 레벨까지 올리면 오케이?" 등 게임 내용에 맞추어 아이의 형편을 물어보면 엄마의 이야기에도 귀를 열어 줍니다.

자신이 좋아하는 일로 만족하여 충전되면 거꾸로 숙제를 시작하기도 쉽습니다.

하지만 단지 '그냥'인 후자의 경우는 '의존', '현실도피'이므로 설령 엄마가 게임을 강제로 끝내게 해도 다른 것에 의존하고 책상 앞에 앉아도 손은 꼼짝 않고 멍하니 시간을 보낼 가능성이 높습니다. 그럴 때는 "엄마는 네 눈이 나빠질까 걱정되는구나" 등 몸을

① 아이를 대하는 법 기본 편

② 알기 쉽게 전달하는 방법 기본 편

③ 가정생활 연구 기본 편

④ 나들이를 위한 연구 편

⑤ 학교/유치원 생활 연구 편

⑥ 학습 서포트 편

⑦ 욱하여 집이 빠질 때 대처법 편

생각하는 발언을 하거나 아이의 말을 긍정적으로 들어 주거나 스킨십을 늘리는 등 관계를 평소보다 많이 하여 경우에 따라서는 숙제보다도 몸이나 마음을 쉬게 하는 것을 우선합니다.

게임뿐 아니라 좀처럼 이야기가 통하지 않거나 말을 듣고 있지 않는 것처럼 생각될 때는 이것은 '부모의 과제인지, 아이의 과제인지', 아이의 집착이 '흥미로 인한 건지, 불안으로 인한 건지' 등 아이를 잘 관찰하면서 문제의 본질을 파악해 가면 근본적이며 효과적인 해결법을 찾아낼 가능성이 커집니다.

①아이를 대하는 법 기본 편

②읽기 쉽게 전달하는 방법 기본 편

③가정생활연구 기본 편

④나들이를 위한 연구 편

⑤학교/유치원생활 연구 편

⑥학습 서포트 편

⑦욕에에 진이 빠질 때 대처법 편

079

그래도 숙제를 할 수 없다 ▶
마지막 수단은 '이인삼각'!

이런 방법 저런 방법으로 숙제를 도와줘도 아이가 "아~~~무리
해도! 아~~~~~무래돗!! 하기 싫엇!!!"라는 때도 있는 법이지요.

울컥하여 "더 이상 엄마도 몰라! 그대로 가지고 가서 내일 학교
에서 야단 맞아!" 식으로 말할 때도 있습니다. 하지만 결국 학교에
서 쉬는 시간에 하거나 예상대로 야단맞거나 하면 점점 더 숙제도
싫고 공부도 싫은 악순환에 빠지게 됩니다.

지금부터 알려 드리는 내용은 칭찬받은 방법도 아니고, 아이의
과제를 엄마가 하는 것은 '응석받이로 기르기'라고 자각도 하고 있
습니다. 하지만 아무래도 마음이 놓이지 않을 때는 엄마가 버럭 해
서 강제로 시키거나 미뤄 둔 숙제가 눈덩이 불어나듯 쌓여서 공부
를 싫어하게 되는 것보다는 낫다! 라고 생각하여 '이인삼각 작전'
을 실행합니다.

우리 집에서는 '콕핏(=조종석)'이라고 부르는데 엄마 무릎 위에
앉혀서 손을 붙들어 연필을 잡게 한 다음 인형극에서처럼 조종하
는 역할을 맡은 제가 조종하여 한자 쓰기를 마치게 합니다.

이런 방법일지라도 이점이 있다고 한다면 연필을 쥐는 법이나
한자 획 쓰는 순서, 삐침이나 파임에서 손을 움직이는 방법을 엄마
의 온기와 함께 느낄 수 있는 점과, 어쨌거나 숙제는 마치므로 학교

에서 야단맞는 것은 피할 수 있다, 라는 것이겠지요. '스스로 끝까지 한다'는 것에 최우선 가치를 두는 가정에서는 맞지 않는 방법이겠지만 그냥 이런 부모자식도 있습니다.

속 터지게 꿈쩍 않는 아이일지라도 화를 내면서 시키는 것보다는 감싸안으면서 하는 쪽이 공부에 대한 이미지를 더 이상 악화시키지 않는 선에서 끝낼 수 있는 방법이라고 생각합니다.

최근에는 '숙제'를 '과업'으로 인식하게 되었으므로 '콕핏'에 앉으러 오는 횟수가 줄었지만 언젠가 "그러고 보니 엄마 무릎 위에서 한자 쓰기를 했었네" 하고 기억해 주는 날이 올지도 모릅니다.

080 테스트 점수나 성적표가 두통거리 ▶ 테스트와 성적표는 무료 발달검사

　테스트 점수나 성적표가 나빠도 그것은 아이의 '머리의 좋고 나쁨'을 정확하게 측정하는 것이 아닙니다. 마음 쓸 일은 전혀 없습니다(……라고 저 자신에게 들려주고 있습니다). 그보다 테스트나 성적표를 '발달검사/리포트'라고 받아들여서 가정에서의 서포트나 치료교육에 활용하면 됩니다.

　지능검사나 인지능력 검사는 전문 자격을 가진 임상심리사 등이 합니다. 의료기관이라면 보험이 적용되지만 민간기관 등의 경우는 자비로 부담해야 됩니다. 그런 점에서 보면 학교의 테스트나 성적표는 무료인 데다 자주 그리고 자동적으로 해 줍니다. 이것을 '우리 아이 전문가'인 엄마가 단련된 눈으로 분석하면 결과를 활용해 나갈 수 있습니다. 테스트는 '학교가 요청하지도 않았는데 무료로 해 주는 발달검사'입니다! 그렇게 생각하면 큰아이가 받은 30점짜리 테스트도 감사하게 생각됩니다.(^^)

　그런데 제가 아이의 테스트 중 어떤 점을 보고 있을까요. '작업성'이나 '집중력'이라는, 아이가 '어려움을 겪는 점'입니다. 예를 들어 한자 테스트에서 글자는 썼지만 삐침이나 파임, 글자 형태의 문제로 오답으로 처리되는 경우가 많으면 문자 인식력이나 손가락 움직임에 '어려움'이 있는 것 같다는 짐작을 해 볼 수 있습니다. '차

209

(車)'와 '차(茶)' 등 음이 같은 한자를 혼동할 때는 의미에 대한 이해가 애매해서 그림이나 일러스트로 의미의 차이를 가르쳐 주면 구별할 수 있을지도 모른다고 생각합니다. 시험지의 해답란이 하얗게 비어 있는 경우는 기억력이나 그것을 생각해 내는 것 또는 집중에 어려움이 있을지도 모른다고 원인을 추론해 가는 것이지요.

성적표도 마찬가지입니다. 큰아이의 성적표는 ABC의 3단계 평가인데 C가 줄줄이 있지만 아주 드물게 A가 섞여 있거나 결석일 수 중에 병가(病暇) 아닌 '가기 싫어서 쉼'이 없거나 반 친구들과 팀 활동을 했다 등 아이가 '어떤 점에서 노력하고 있는지'를 봅니다.

그와 동시에 '선생님이 아이의 어떤 점을 보고 있는지'도 알 수 있으므로 지원이나 학교와의 연대가 잘 되고 있는지 가늠해 볼 수도 있습니다. 선생님이 조금이라도 아이의 좋은 점, 노력하고 있는 점을 알아차리고 있다면 안심해도 좋습니다. '凸凹씨'의 특성을 선생님이 조금이라도 이해하신다면 당연해 보이는 것을 남들의 두 배나 노력하면서 수행하고 있음을 아실 것이기 때문입니다.

그리고 중요한 것은 가위표나 C를 받았다는 사실보다 해낼 수 있게 된 지점을 보는 것입니다. 설령 90점을 받은 테스트라도 아이가 못 받은 10점에만 눈길을 주면 아이의 점수는 80점, 70점으로 떨어져 갈 것입니다. 10점 받은 테스트라도 해낸 부분이나 아이가 붙들고 씨름했던 자세 등을 진지하게 보고 "여기까지는 맞았네", "이름을 빼먹지 않고 잘 썼네!", "마지막까지 답을 썼구나"라고 이야기해 주면 아이의 점수는 20점, 30점으로 변해 갑니다.

저는 지금까지 아이들의 테스트를 전부 간수해서 '자료'라는 제목의 파일로 만들어 두었습니다. 경과를 봄으로써 큰아이가 일학년 때에 비해 작은 글자나 한자 카드를 더 잘 쓸 수 있게 되었음을 깨닫습니다. 형제나 다른 우수한 아이들과의 비교가 아닌, 아이 자신과의 비교로 성장을 칭찬하고 인정해 나갑니다.

테스트든 성적표든 '어려워하는 점'을 찾아내고 지원 방침을 세우며, 조금이라도 좋은 점, 노력하고 있는 점을 보면서 가면 두통의 씨앗에서 싹이 나올지도 모릅니다.

① 아이를 대하는 법 기본 편

② 얼기 쉽게 전달하는 방법 기본 편

③ 가정생활 연구 기본 편

④ 나들이를 위한 연구 편

⑤ 학교/유치원 생활 연구 편

⑥ 학습 서포트 편

⑦ 육아에 진이 빠질 때 대처법 편

081 선생님이 아이의 어려움을 인지하지 못한다 ▶ 아이가 '무엇을 어려워하는지' 전달한다

감각이 민감한 아이의 기분을 타인은 좀처럼 상상하기 어렵습니다. 선생님도 아이가 '무엇에 어려움을 겪고 있는지' 혹은 '어떻게 느끼고 있는지' 구체적으로 알면 대응하기 쉬울 것입니다.

예를 들어 "공작은 좋아하지만 풀과 물감을 만지는 것을 꺼려해서 오늘 수업할 핑거페인팅이 걱정인 모양입니다"라고 구체적으로 전달하면 진단 여부에 관계없이 경계선급 아이도 학교나 유치원에 대해 가능한 범위 내의 대응이나 배려를 요청할 수 있습니다. 엄마가 머뭇거리고 있는 사이에 아이는 그저 견디고만 있는 경우도 있습니다. 어려움을 전달하면 너그럽게 받아들여지거나 선생님이 아이의 기분을 알아주는 것만으로도 부담감이나 불안감이 경감됩니다.

①아이를 대하는 법 기본 편

②알기 쉽게 전달하는 방법 기본 편

③가정생활 연구 기본 편

④나들이를 위한 연구 편

⑤학교/유치원 생활 연구 편

⑥학습 서포트 편

⑦욱여 진이 빠질 때 대처법 편

082 학교와 확실하게 연대하고 싶다 ▶ '서포트 북'을 만들어 건넨다

학교와 보다 더 확실하게 연대하고 싶거나, 학년이 바뀌어도 새 담임선생님이 노하우를 인수했으면 하는 경우 '서포트 북'을 만들어 건네 보는 것도 좋을 것입니다.

'서포트 북'은 지원자(담임선생님이나 지원기관의 스텝 등)에게 우리 아이가 지원받을 때 구체적인 대응이나 상담에 힌트가 되는 아이 본인의 정보를 정리한 것입니다.

제가 만든 '라쿠라쿠식 서포트 북'에서는 다음과 같은 내용을 필요에 따라 기입합니다(서포트 북의 기입내용은 배포 대상 기관에 따라 다릅니다).

① 프로필 : 이름, 생년월일, 가족 구성, 주소, 긴급연락처, 주치의, 상담처/지원기관

② 발달의 특징 및 특별한 개성 : 진단의 유무, 진단명, 투약 유무, 약명, 발달/지능검사의 유무, 언어와 관련한 염려 유무, 지적인 염려 유무, 다동성/충동성/부주의성의 유무, 학습 곤란의 유무, 감각 과민성의 유무, 언어 이해의 특징, 그 외의 발달상 염려

③ 검사결과의 정리 : 검사 종류, 실시기관, 검사 연월일과 당시 연령, IQ 수

213

치, 특히 뛰어난 항목, 특히 염려되는 항목, 전체적인 균형이나 발달의 특
징, 주치의 혹은 임상심리사 등의 의견/조언의 요약(혹은 복사본을 첨부)

④ 인간관계 맵(MAP) : 가족, 동거/별거의 친족, 아이가 마음을 여는 친구,
자주 트러블이 있는 친구, 의지하는 선생님이나 이웃 등 인적인 도움 자
원을 써넣은 맵

⑤ 발달의 凸凹(타고난 강점/취약점) : 잘하는 행동/작업, 잘 못하는 행동/작업

⑥ 장점 리스트 : 할 수 있는 것/노력하고 있는 것

⑦ 빼어난 점 리스트 : 특기/매우 잘 알고 있는 것

⑧ 좋아하고 싫어하는 것 : 좋아하는 것/물건, 싫어하는 것/물건, 안정되는
것/물건

⑨ 패닉/문제행동 기록 : 언제, 이전의 상황이나 요인, 아이의 행동, 그럴 경
우의 대응

⑩ 서포트의 필요 레벨 : 생활면/학습면/사회면의 서포트 필요성의 정도

⑪ 서포트 테크닉 집 : 아이의 실패, 그 어려움의 이유, 서포트 방법(가정에서
실제로 효과가 있으며 학교에서도 대응 가능한 아이디어를 구체적인 실제 예나
말 걸기 예로 쓴다. 필요하면 사진도 첨부)

⑫ 인계시 서포트 북의 취급 관련 희망 : 진급시 인계 희망 등

검사결과 등의 실제 자료를 첨부하거나 제3자에게 확인받은 것
을 첨부하면 설득력이 있고 신뢰성이 높아집니다. 그리고 선생님
과 아이의 커뮤니케이션 때 힌트가 되도록 조금이라도 해내고 있
는 것, 노력하고 있는 것, 좋은 점/장점이나 특별한 재능이 있는 부
분 등 긍정적인 정보는 반드시 넣습니다.

아이에 대해 염려스러운 면에 관해서는 '행동/어려움'으로 보

도록 합니다. '어리광' 등 인격적인 표현은 피하고 어떤 구체적인 행동이 걱정되는지, 그 배경에는 어떤 발달상의 어려움이 있는지를 씁니다. 엄마의 육아 테크닉 '우리 아이 노하우'는 대응의 '실제 예/구체안'으로써 전달합니다. 말 걸기 등도 가능한 구체적인 대사를 쓰고 사진도 첨부하면 좋을 것입니다.

진급 등으로 담임선생님이 바뀌어도 지원 노하우를 살려 가고 싶은 경우는 담임선생님 개인에게 건네지 않고 먼저 특별지원 코디네이터(우리는 특수교사 혹은 특수교사가 없는 경우 특수교육 관련업무 담당 일반교사-편집자)나 상담교사 등 발달장애에 이해가 깊은 선생님과 약속을 잡아서 '서포트 북을 만들어 전달하고 싶다'고 상담한 후 내용을 체크받으면 좋을 것입니다.

담임선생님께 전달할 때도 가능한 관리/지도적 입장의 선생님이 동석토록 하여 함께 설명하면서 건네주면 좋을 것입니다. 이것은 계속적인 서포트를 부탁하는 동시에 담임선생님 한 분께 과도한 부담을 강요하는 것을 피하기 위해서이기도 합니다.

가정에서의 대응은 어디까지나 '참고'이므로 학교의 집단교육 속에서는 그대로 도입하기 어려운 경우도 있습니다. 저는 너무 많은 것을 기대하지 않고 현장 상황에 맞추어 선생님 스스로의 판단에 맡긴다는 기분으로 전달합니다.

'서포트 북'은 우리 아이가 서포트 받음과 동시에 지원자인 선생님도 서포트하는 것이라는 관점을 가지고 만들면 학교와 가정이 서로 서포트하는 바람직한 연대 관계로 이어질 것입니다.

① 아이를 대하는 법 기본 편
② 알기 쉽게 전달하는 방법 기본 편
③ 가정생활 연구 기본 편
④ 나들이를 위한 연구 편
⑤ 학교/야외 생활 연구 편
⑥ 학습 서포트 편
⑦ 육아에 지쳐 빠졌을 때 대처법 편

083 선생님께 어떻게 전달해야 할지 모르겠다 ▶
구체적인 어려움/대응/감사를 전한다

학교와 연대할 경우 일상적인 주고받음은 연락장이 중심이 되지만 문제가 큰 경우나 복잡한 트러블에는 직접 전화를 걸거나 약속을 잡아 면담을 부탁드립니다. 시행착오를 겪으면서 저 나름대로 파악해 온, 선생님께 대한 전달 방법 요령은 다음과 같습니다*(서포트 북을 건넬 때도 마찬가지입니다).

- 언제나 "감사합니다", "덕분에……"라고 감사함을 전합니다.
- 아이 본인이 어려움을 겪고 있는 '행동/작업'(예 : 작은 글자를 쓰는 것이 어렵다)이나 감각의 과민성의 실례(예 : 촉각이 민감하여 풀을 만지지 못한다), 구체적인 실례(예 : 아침에 "국어 시간이 싫어"라며 운다)를 전한다.
- "집에서는 이렇게 하면 해결됩니다"라는 가정에서의 대응이나 "○○라고 말을 걸어서 일깨워주면 도움이 됩니다" 등 구체적이고 간단한 말 걸기 등의 실례를 전하고 정중하게 부탁한다

연락장을 통해 전달하는 경우도 같아서 저는 구체적으로 다음과 같이 씁니다.

① 아이를 대하는 법 기본 편

② 일기 쉽게 전달하는 방법 기본 편

③ 가정생활 연구 기본 편

④ 나들이를 위한 연구 편

⑤ 학교유치원생활 연구 편

⑥ 학습 서포트 편

⑦ 욱여에 진이 빠질 때 대처법 편

【어느 날 연락장 쓰기 예】

"(감사) 늘 감사합니다. (구체적인 '어려움') 답을 알고 있는데도 cm나 mm 등 글자가 작은 단위를 쓰는 것이 서툴러서 고전하는 듯합니다. (집에서의 대응) 집에서는 숙제를 수행하지 못할 때 청색 연필로 눈금이나 단위를 밑 쓰기 해 줍니다. (부탁) 학교에서도 어려워할 때 서포트해 주시면 도움이 될 것입니다."

학교와 지속적으로 원만하게 연대해 가는 요령의 첫 번째는 '선생님이 하지 못하는 부분을 책망하지 않는다'입니다. 특히 일반 학급에서 서포트나 대응을 부탁할 경우 학급에는 우리 아이 외에도 30명 내외의 아이들이 있고, 발달장애에 대한 학교 전체의 이해나 지원체제도 학교마다 다른 만큼 학교의 대응에 너무 많은 것을 기대하면 이쪽도 휘둘리게 됩니다. 부모와 선생님 양쪽 모두가 서로 '할 수 없는 것은 책망하지 않음'으로써 상대방을 몰아세우는 것은 피할 수 있습니다. 그것이 결과적으로 부모와 선생님이 서로 의지하면서 아이를 대범하게 지켜보는 것으로 연결됩니다.

두 번째는 '해낼 수 있게 될 것이나 노력하고 있는 것 등도 종종 전한다'입니다. 행사나 하교길 마중 때 선생님과 얼굴을 마주쳐서 선 채로 나누는 짧은 이야기일지라도 "덕분에 최근에는 미적대지 않고 학교에 갑니다", "습자를 똑바로 썼을 때 선생님이 칭찬해 주셔서 무척 기뻤던 모양입니다" 등 작은 신보나 선생님의 일상적인 노력에 말로써 감사를 전합니다. 선생님도 평소의 노력을 인정받고 감사를 받아서 기분 나쁠 리가 없겠지요(신뢰관계가 구축되면 아이의 조그만 문제는 너그럽게 봐주시게 될 것입니다).

선생님뿐만 아니라 교통지도원이나 상급생, 이웃 어른이나 친구 어머니 등에게 늘 감사함을 전하면 '문제아 ○○'가 아니라 점점 주위의 시선이 따뜻하게 변하는 것을 느낄 수 있습니다(단, 담임선생님의 이해를 얻는 것이 너무 힘든 경우는 상담교사, 관리직 선생님 등께 중재를 요청하는 편이 좋을 것입니다).

* 전직 교사이기도 한 히가시 치히로 선생님이 교사용으로 쓴 『전문가가 알려주는 최고의 칭찬하는 법 꾸짖는 법』(메이지 도서)을 응용했습니다.

① 아이를 대하는 법 기본편

② 읽기 쉽게 전달하는 방법 기본편

③ 가정생활 연구 기본편

④ 나들이를 위한 연구 편

⑤ 학교/유치원생활 연구 편

⑥ 학습 서포트 편

⑦ 욱아 고민 트러블 대처법 편

084 학기말, 가져올 짐이 많아서 어쩔 줄 모른다 ▶ '집에 가져오기 리스트'로 조금씩

　큰아이가 일학년 일학기 종업식 날 좀처럼 돌아오지 않기에 걱정되어 맞으러 갔더니 짐을 '몽땅' 가져오려 한 끝에 몸을 움직일 수 없는 상태가 되어 있었습니다. 아이들은 경험치가 적으므로 어지간해서는 '선후를 생각하여 행동하는' 것이 어려운 모양입니다.

　그럴 때는 부모 쪽에서 예측을 하여 가지고 돌아올 물품의 이름/예정일을 '붙임쪽지'에 써서 '학기말에 가지고 돌아오는 물건 리스트'로 삼습니다(11쪽 29). 그것을 연락장에 붙여서 선생님께도 "집에 가져가기 리스트를 확인하도록 말씀해 주시면 도움이 되겠습니다"라고 전하고, 일주일 전부터 계획적으로 조금씩 작게 나누어 가지고 돌아오도록 일깨웁니다. 하나씩 가져올 때마다 함께 붙임쪽지를 떼어내고 전부 가지고 오면 "한 학기 동안 수고했어"라는 메시지가 붙임쪽지의 맨 아래에서 나오도록 했습니다.

085

학교 가기 싫어할 때 대책 ▶

'가고 싶지 않아'에는 레벨이 있다

이렇게 서포트를 계속해도 "학교에 가기 싫어"라고 할 때도 있습니다. 다만 저는 '학교에 가는 것'이 '당연/절대'라고는 생각하지 않으므로 최종적으로는 '학교는 되도록 갔으면 좋겠지만 다른 방법도 있다'고 생각합니다.

제가 생각하기에 아이가 "학교에 가고 싶지 않아"라고 할 때는 약간 그런 마음인 레벨부터 죽을 만큼 괴로운 레벨까지 다음과 같은 기분의 강도 단계가 있습니다.

레벨1 : 게으름 모드

분실물이 많아지거나 숙제 수행이 나쁜 것이 신호. 조금 귀찮고 느른하고 집에서 놀고 싶다 등. 계절의 변화와 행사, 특별일과 등으로 약간 지친 기색.

레벨2 : 우울한 기분

아침에 일어난 직후부터 기분이 나쁜 것이 신호. 급식이 싫어, 한자 받아쓰기가 싫어, 친구들이 싫은 소리를 했다 등 구체적인 이유가 있을 때

레벨3 : 강한 불안감

멍하니 게임을 계속하는 등의 현실도피 모드나 아무리 설득해도 꼼짝 않는 것이 신호. 주위의 지적이나 질책, 친구들과의 트러블 등이 계속될 때나 학

습 면에서 전혀 따라가지 못하는 일이 지속될 때 등

레벨4 : 우울 상태

심신의 부조나 무기력한 모습이 보이고 이불 밖으로 나오지 못하는 것이 신호. 학교생활 전반이 괴롭고 배가 아프고 잠이 오지 않고 식욕부진 등이 만성적으로 지속된다 등

이것은 성인이 '우울상태'가 되는 과정과 비슷합니다. 중요한 것은 어떤 단계라도 '그 상태를 부정하지 않는다'는 것입니다. "그렇구나, 그건 싫겠구나"라고 우선 공감합니다. 그리고 단계에 따라서 이쪽의 대응도 바꿉니다. 비교적 이른 단계에서 케어하면서 대응해 가면 아이를 부담에서 구해 낼 수 있다고 생각합니다.

①아이를 대하는 편 기본 편

②알기 쉽게 전달하는 방법 기본 편

③가정생활 연구 기본 편

④나들이를 위한 연구 편

⑤학교/유치원 생활 연구 편

⑥학습 서포트 편

⑦욱에 진이 빠질 때 대처법 편

086 학교 가기 싫어할 때 대책 _레벨1 ▶ 보상 설정으로 극복

레벨1 '게으름 모드'에서는 우리 집 아이들은 환절기나 운동회, 발표회, 특별일과 등으로 약간 지친 기색일 때가 많고 의욕이 저하되어 있습니다. 우리 아이들에게 '평소와 다른' 것은 생각 이상으로 부담이 됩니다. 선생님도 바빠서 한 사람 한 사람 체크 안 되는 경우가 많은 까닭에 갖고 돌아올 물건을 잊거나 연락장 쓰기를 잊는 일 등이 늘어납니다. 또 피로가 쌓여서 숙제 수행이 평소보다 나빠지는 것이 신호입니다.

의욕이나 집중력이 저하되는 기미가 있을 때는 특별한 '보상 설정'이 유효합니다. 아침에 학교 가기가 싫어서 칭얼대면 "집에 돌아와서 간식으로 먹고 싶은 게 무어지?", "저녁 반찬은 뭐가 좋아?"라고 신청을 받은 후 학교에 보냅니다.

덧붙여 계절이 변할 무렵, 학기말, 행사의 전후 등은 부담감이 크므로 '포인트 수첩'도 '특별 가산'합니다. 이 시기에는 "운동회가 끝날 때까지 몇 포인트 올려 주면 힘을 낼 수 있을까?"라고 아이와 증액분을 상담하고 협상합니다.

학기 끝 무렵은 다른 아이들도 지쳐서 트러블이 늘어나므로 '화가 났지만 때리지 않았다', '싸운 후에 사과했다' 등 참은 것, 양보한 것에 대해, 사전에 "싫지만 참은 것이나 엄청 노력한 것은 포인

222

트 업이니까 알려줘"라고 말해 자기신고제로 하고 5포인트 가산합니다.

<u>운동회나 성적표의 결과는 묻지 않습니다.</u> 그리고 행사에 참가했던 경우나 한 학기가 끝날 때 등에 장난감(첫째 아이는 수집하고 있는 피규어)이나 게임, 외식, 외출 등 아이의 희망을 반영하고 '참가상'도 줍니다.

또한 이런 시기야말로 '집에 돌아오면 마음이 놓인다'는 것이 중요합니다. 하루 종일 애쓰고 돌아오면 뒹굴뒹굴 릴랙스할 수 있는 시간을 소중하게 취급해 줍니다. 그러자면 한꺼번에 많은 것을 요구하지 않아야 합니다. 또 푹 쉬게 하고 조금 빨리 잠자리에 들도록 유도하거나 욕조에서 스킨십을 하고 간질이기 놀이 등을 하여 부모와의 교류를 늘립니다.

이처럼 좋아하는 것으로 격려해 주고 적당하게 휴식／릴랙스하도록 케어해 주면 힘든 시기도 잘 넘길 수 있습니다.

① 아이를 대하는 법 기본 편

② 알기 쉽게 전달하는 방법 기본 편

③ 가정생활 연구 기본 편

④ 나들이를 위한 연구 편

⑤ 학교/유치원 생활 연구 편

⑥ 학습 서포트 편

⑦ 육아에 진이 빠졌을 때 대처법 편

레벨2는 가는 길에 여기저기 작은 걸림돌이 떨어져 있어 자주 멈춰 서기 쉬운 때입니다. 이 레벨은 실제로 상당한 피로와 불만이 쌓였을 때여서 우리 집 아이들은 구내염, 알레르기 증상 등 가벼운 신체적 문제도 나타나기 시작합니다. 친구들과 트러블이 계속되거나 담임선생님의 전화 보고가 늘어나면 레벨2라고 판단합니다. 그러면 우리 집은 학교까지 꽤 멀기도 해서, 아침에 좀처럼 움직이려 하지 않을 때는 자동차로 태워다 줘서 등/하교의 부담을 줄여 줍니다. 좀 너무 오냐 오냐 하는 게 아닌가 싶기도 하지만 우선 체력을 보존하게 하는 것이지요.

학교에서 돌아오면 아이의 이야기를 부정 않고 들어 주는 등 마음과 몸을 케어합니다. 또 평소보다 조금 일찍 자도록 말로 유도하고 휴일에도 무리가 되는 일정은 피하려 신경 씁니다.

그리고 이 레벨2에서는 급식이 싫다, 한자 베껴쓰기가 싫다, 친구에게 언짢은 소리를 들었다 등 구체적인 '가고 싶지 않은 이유'가 있습니다.

이 지점에서 우선 가정에서 '엄마가 할 수 있는 것'을 생각합니다.

예를 들어 "오늘은 과일이 나오니까 진짜 학교 가기 싫어!"라고 완강하게 급식을 싫어할 때는 사전에 "남겨도 괜찮아. 갔다가 돌아오기만 해도 오케이"라고 말해 주고 그곳에 있기만 해도 주는 '인내 포인트'(+3pt) 보상을 설정합니다. 한자 베껴쓰기가 싫은 경우는 연습장이나 한자 노트에 색연필로 밑쓰기를 해 줍니다. 친구에게 언짢은 소리를 들었을 때는 우선 "속상했겠네"라고 공감해 주고 '이렇게 하면 된다'라는 것을 카드나 플로차트 등을 만든 다음 그림을 그려 가면서 설명합니다.

또 담임선생님께는 간단한 말이라도 해 주십사고 연락장에 부탁드리기도 합니다. "○○가 마음에 걸리는 모양입니다만 '□□하면 괜찮아' 등 말씀을 해 주시면 도움이 될 것 같습니다" 등 구체적으로 전달하면서 부탁드립니다. 이렇게 집에서의 뒷받침으로 제거할 수 있는 작은 돌멩이는 '가능한 범위에서' 숨아내어 몸과 마음의 부담을 줄여서 조금이라도 걷기 쉽게 해 줍니다.

걸림돌이 너무 많으면 '걷는 것' 자체를 싫어하게 되지만 이렇게 조금씩 궁리하여 걸림돌을 피해 가도록 도우면 점점 체력도 붙어서 쉽사리 넘어지지 않게 됩니다.

① 아이를 대하는 법 기본 편

② 말하기 쉽게 전달하는 말법 기본 편

③ 가정생활 연구 기본 편

④ 나들이를 위한 연구 편

⑤ 학교·유치원 생활 연구 편

⑥ 학습 서포트 편

⑦ 욱아에 길이 빠질 때 대처법 편

088

학교 가기 싫어할 때 대책 _레벨3 ▶
학교에 구체적인 이해와 대응을
요청한다

레벨3은 걸림돌로 인한 '좌절'을 되풀이하는 동안 '단차'가 생기는 상태입니다. 진단을 받았든 아니든 (일시적이라도) 적응에 '장애'가 있다고 생각됩니다.

단, 저는 아이에게만 '장애'가 있는 게 아니라 아이의 타고난 凸凹과 학교/유치원 등 환경과의 '단차'에 의해 '장애'로 될지 아닐지가 결정된다고 생각합니다. 이 경우 아이의 노력이나 가정에서의 뒷받침만으로는 '넘어설 수 없는 벽'이 있습니다. 그러므로 학교 측에 구체적인 이해와 대응을 요청합니다.

또한 이 상태가 되면 지금까지 소개했던 어떤 방법을 써서 설득해도 아이는 꼼짝도 하지 않게 됩니다. 이렇게 되면 무리하게 등교시키지는 않습니다.

큰아이는 설령 억지로 내보내도 자신의 의지로 집으로 되돌아와서는 "학교가 무서워!"라며 현관 앞에 주저앉아 울었던 적도 있습니다. 학교에 대한 전반적인 공포심 탓에 머릿속은 불안감으로 꽉 차 있고 집에서는 현실도피 모드가 되어 멍하니 게임을 계속하거나 말을 걸어도 허공에다 대고 하는 것 같았습니다. 두통이나 복통, 가슴이 찌릿찌릿하다 등의 증상을 호소하기도 합니다.

이미 '마음의 상처'가 되고 있는 중이므로 더더욱 가능한 한 집에서 쉬게 하고 이야기를 들어 주기도 하지만, 경우에 따라서는 일찌감치 전문가의 힘을 빌리고 부모와 아이가 상담할 곳을 확보해 두어 레벨4까지 진행되는 것을 방지합니다.

큰아이는 일학년 때 한자 학습이 힘들어서 '국어가 든 날은 가고 싶지 않다'는 게 가장 큰 이유로 레벨3까지 가서 종종 학교를 쉬었던 시기가 있었습니다. 국어는 거의 매일 있으므로 "오늘은 5교시가 국어니까 급식까지는 견딜 수 있어?"라든가 "국어가 1교시니까 아침에 느긋하게 가서 보건실에서 기다릴까?" 등을 제안하여 부분적으로 등교할 수 있는 날은 그렇게 학교를 보냈습니다.

발달장애라는 진단이 내려진 이후엔 학교 측에 그 내용을 전달하고 아이에게 맞는 대응을 부탁했더니 어떻게든 등교할 수 있게 되었습니다. 레벨3까지 가지 않아도 사전에 학교와 적절하게 연대하고 있으면 이런 사태를 피할 수 있습니다.

한편 아이가 학교를 쉬거나 등/하교를 함께 해야 하는 날이 계속되거나 걱정과 불안감으로 가득하다면 엄마의 체력적/심리적인 부담도 커집니다. 아이와 마찬가지로 엄마에게도 케어와 이해가 필요합니다. 저도 이때는 육아에 대한 자신감을 잃고 답답한 마음이었습니다. 잠시라도 쉬고 집안일은 뒤로 미루고 남편이나 조부모, 아이들 친구 엄마, 외부 서비스 등 기댈 수 있는 곳에는 기대어 물리적인 부담을 줄이도록 합니다. 또 전문 카운슬러 등 엄마의 고민을 상담할 수 있는 곳을 확보하도록 합니다. 엄마가 쓰러지지 않도록 방법을 반드시 연구해야 합니다.

큰아이가 레벨3 상태가 되었을 때 구체적으로 실행한 대책은 다음과 같습니다.

① 아이를 대하는 법 기본 편

② 알기 쉽게 전달하는 방법 기본 편

③ 가정생활 연구 기본 편

④ 나들이를 위한 연구 편

⑤ 학교/야외집 생활 연구 편

⑥ 학습 서포트 편

⑦ 육아에 지쳐 빠졌을 때 대처법 편

- 특별지원 코디네이터, 담임선생님과 상담
- 통급개별지도 도입(큰아이의 경우는 학교 재량에 의한 별도 지도. 통급개별지도는 일반학급에서 배우는 장애 학생에 대한 개별지도를 가리킨다 - 편집자)
- 서포트 북을 제공
- 상담교사 활용

'넘어설 수 없는 벽'도 주위의 이해와 서포트로 허들이 낮아지고 단차가 낮아지면 어떻게든 해결되기도 합니다.

089 학교 가기 싫어할 때 대책 _레벨4 ▶
학교가 '전부'는 아니다

레벨4는 '더 이상 못 걷겠어'라고 전혀 움직일 수 없게 된 상태입니다. 가려고 생각해도 몸이 움직이지 않고 무슨 말을 해도 관심을 나타내지 않으며 이불에서 나올 수 없는 등의 심각한 상황입니다. 레벨3과 구분하는 방법은 만성적인 심신의 부조와 불면이 계속된다 등입니다(정확한 진단은 의사의 판단을 받도록 합니다).

우리 집 아이들은 가능한 범위에서 조치를 취하여 지금까지 레벨4는 어떻게든 피할 수 있었지만 저는 늘 학교가 '전부'가 아니라는 것을 머리 한쪽에 넣어두고 있습니다.

실은 저도 한 달 정도이긴 해도 초등 3학년 때 학교를 쉰 경험이 있습니다. 저는 성적이 우수하고 왕따도 없었지만 감각이 예민하여 쉽게 지쳤고, 최소한의 의사소통만 하는 선택성 침묵이 있었습니다. 당시는 '발달장애'나 '자폐증 스펙트럼' 등은 친숙한 단어가 아니긴 했지만 어쨌거나 '凸凹씨' 범주에 들었던 저는 바쁜 엄마를 생각하여 학원도 빠지지 않고 집안일도 열심히 도왔습니다. 모든 일에 지나치게 성실하여 '○○하지 않으면 안 된다'는 집착이 많았습니다. 그러던 중 감기로 며칠 쉰 것이 계기가 되어 갑자기 모든 힘이 소진된 듯 학교에 가지 못하게 되었습니다.

이런 사태를 피하기 위해 우리 집 아이들이 푹 자지 못하거나 깨

229

위도 일어나지 못할 때, 그리고 아침부터 지쳐 있을 때, 집착이 특히 강할 때 등에는 약간 꾀를 부려 학교를 쉬는 것은 너그럽게 보아넘기고 있습니다. 한사코 싫은 것이 있을 때, 피로가 쌓여 있을 때, 불안이나 외로움 때문에 엄마에게서 떨어지지 못할 때는 열은 없지만 마음이 감기에 걸린 것입니다.

일단 "내일은 갈 수 있겠지?"라고 약속을 받은 다음 "알레르기 증상이 심해져서……" 등 적당한 이유를 붙여서 학교에 연락하여 '꾀부림 결석'을 용인하고 있습니다(결석이 며칠 계속될 것 같으면 정직하게 말하여 학교와 상담합니다만……).

저는 '노력형 아이는 가끔 쉬는 쪽이 장기 결석으로 가지 않는다'고 생각합니다.

저의 경우는 한 달 정도 만에 학교로 돌아갈 수 있었는데 그것은 엄마가 저에게 아무 말도 하지 않고 기다려 주셨기 때문입니다. 이부자리에서 하루 종일 텔레비전을 보는 저에게 "학교에 가!"라고 하지 않았는데 그것이 정말로 도움이 되었습니다. 엄마는 종종 일하는 도중 틈을 내어 "먹고 싶은 것 있니?" 등을 물어보려 오셨는데 늘 외로웠던 저에게는 그런 소소한 접촉이 정말로 기뻤습니다.

그리고 학교를 쉰 지 2주 정도 지났을 무렵 엄마는 저에게 "미안해. 엄마가 잘못했어"라고 사과했습니다. 엄마는 저에게 지나치게 기대했다는 마음이었을지도 모릅니다. 저는 엄마가 잘못했다고는 털끝만큼도 생각하지 않았지만 그 말을 계기로 조금씩 회복되어 갔습니다.

이러한 저의 경험에서 만약 우리 아이가 어느 날 갑자기 학교를 갈 수 없게 되어도 부모가 받아들여 주고 안심하고 쉴 수 있는 집이 있다면 언젠가는 회복할 수 있다고 생각합니다.

그리고 학교가 '전부'는 아닙니다. 저도 '가능하면' 학교에는 가기를 바라지만 다른 길(특별지원학교나 대안학교, 홈스쿨링, 유학 등)은 얼마든지 있습니다. 모두가 자신의 인생의 주인공입니다. 정해진, 정비된 길이 아니어도 괜찮습니다. 중요한 것은 천천히 그리고 조금 돌아가더라도 '내 인생을 걸어가겠어'라는 마음과 몸의 힘이 몽땅 소진되지 않도록 하는 것입니다. 그러기 위해서 부모와 아이가 조금 한눈을 팔고 꾀를 부려서 쉰들 무엇이 문제겠습니까.

① 아이를 대하는 법
기본 편

② 알기 쉽게 전달하는
방법 기본 편

③ 가정생활 연구
기본 편

④ 나들이를 위한
연구 편

⑤ 학교/유치원 생활
연구 편

⑥ 학습 서포트 편

⑦ 육아에 진이 빠질 때
대처법 편

7 장

육아에 진이 빠질 때 대처법 편

090 아이에게 짜증을 낸다 ▶
짜증은 지나치게 애쓰고 있다는 증거

아이 키우기에 짜증은 따라다니게 되어 있습니다. 엄마가 인간인 이상 화도 내고 짜증도 냅니다. 그 때문에 만일 '나는 나쁜 엄마'라고 생각하는 분이 있다면 꼭 '나는 지나치게 애쓰고 있는 엄마'라고 자신에게 들려 주십시오.

이 책 첫머리에서 '엄마'라는 것은 세계에서 동업자가 가장 많은 직업이라고 말했습니다. 24시간 연중무휴에 무보수로 몇십 년을 끊임없이 일하는 동안 아무런 유지보수 없이도 '애정'이라는 것이 '엄마'라는 생명체로부터 온천물처럼 콸콸 매일 무한하게 또 영원히 솟아오를 것이라는 생각은 유감스럽게도 아빠들의 환상입니다.

특히 정신적으로 쉴 여유가 없고 걱정거리가 끊이지 않는 '凸凹씨' 육아의 경우나 엄마 자신에게 약간 凸凹 경향이 있는 경우, 지금 무사하게 살고 있는 것조차 기적이라고 생각합니다. 지치면 누구든 짜증을 내고 부정적으로 됩니다.

저도 지쳤을 때 천사 같은 아이들이 이런 저런 일을 저지르면 때로는 사랑스럽지 않게 여겨지거나 상냥하게 대할 수 없게 되기도 합니다.

흔히 '어머니는 대지'라고 하지만 대지로부터 한없이 물을 뽑아 올리면 언젠가 고갈됩니다.

그래서 어디까지나 '저는 이렇게 하고 있습니다'라는 한 예에 지나지 않지만 '힘에 부치네'라고 생각될 때 제가 시도하는 일을 단계를 따라 소개했습니다(16쪽).

어딘가에 있을 노력파 엄마에게 참고가 되면 다행이겠습니다(그중에는 제가 상상할 수 있는 범위를 훌쩍 넘어 매우 어려운 상황 속에서 아이를 키우고 있는 엄마도 계실지 모르겠습니다. 만일 어렵게 생각되면 무리해서 하시지 않아도 됩니다).

저는 모성이나 사랑이 구멍이 숭숭 나게 말라 버린 것처럼 느껴질 때면 이것저것 모든 것을 지나치게 노력하고 있어서 저의 몸이나 마음이 '좀 더 자신을 소중히 해요'라고 신호를 보내는 것이라고 받아들입니다.

① 아이를 대하는 법
기본 편

② 알기 쉽게 전달하는
방법 기본 편

③ 가정생활 연구
기본 편

④ 나들이를 위한
연구 편

⑤ 학교양육원 생활
연구 편

⑥ 학습 서포트 편

⑦ 육아에 진이 빠질 때
대처법 편

091

'이것도 해야 하고 저것도 해야 해!'라고 생각하면 그것만으로도 여유가 없어집니다. 아이의 '해야 할 일 리스트'나 '차례 카드'처럼 저 자신도 하지 않으면 안 되는 것, 해 두었으면 하는 것을 전부 '붙임쪽지'에 써서 캘린더나 스케줄러 등에 붙여서 한눈에 알 수 있도록 하면 그것만으로도 꽤 안정됩니다.

우리 집에서는 5인 가족의 모든 일정을 한 장에 써넣을 수 있는 패밀리 타입의 커다란 캘린더를 냉장고에 붙여 두고 학교/유치원에서 새로운 일정이 생기면 바로 캘린더에 써넣습니다(11쪽 30). 그리고 한 달치 초등학생과 유치원생 귀가시간, 배우는 것들, 행사, 아빠의 출장 예정 등을 파악한 다음, 쇼핑이나 각종 수속 등 제 잡무를 써넣은 붙임쪽지를 제출기한 날이나 실행 예정의 날에 붙여 갑니다.

그런 다음 예정을 살펴보면서 '오늘은 △시까지 여유를 부려도 되겠군', '아빠 출장 중에는 저녁밥은 대충 해도 오케이' 등 게으름을 피울 계획을 세웁니다.

주부의 잡무라는 것은 범위가 매우 넓습니다. 학용품 사기, 회화/공작 재료 준비, 학부모회의 폐품 회수와 잡초 뽑기, 각종 신청과 수속, 아이 친구 엄마들의 메일에 대한 회신…… 사소한 일이 잔뜩 있으면 왠지 여유가 없어집니다.

　이런 일을 육아/가사라는 통상업무를 하면서 처리하고 있는데 거기에 아이와 관련하여 학교에서 걸려오는 전화, 다 하지 못해 쌓인 숙제, 친구와의 갈등 등으로 '해야 할 일'이 늘어나면 갑자기 패닉에 빠져 버리게 됩니다.

　그래서 내일 할 수 있는 일은 내일로 미룹니다. 붙임쪽지를 냉정하게 바라보면 '절대로 오늘이 아니면 안 되는' 일은 실은 그다지 없습니다. '모든 것을/완벽하게' 하려 하지 않고 잡무의 우선순위를 매겨서 언제 해도 상관없는 일은 뒤로 미룹니다. 몇 개월씩 계속 뒤로 미루고 있는 일은 그 사이에 붙임쪽지가 떨어져 나가 문제 자체가 어딘가로 사라져서 자연 해결됩니다.

　실은 저는 동시처리가 꽤 서툽니다. 하지만 아이를 서포트할 때처럼 엄마도 해야 할 일이 파악되면 안정되어 수행할 수 있고 자신의 한계도 파악하기 쉬워집니다.

①아이를 대하는 법 기본 편

②알기 쉽게 전달하는 방법 기본 편

③가정생활 연구 기본 편

④나들이를 위한 연구 편

⑤학교/유치원 생활 연구 편

⑥학습 서포트 편

⑦육아에 지쳤을 때 대처법 편

092 집안일을 다 못 해낸다 ▶
먼지가 쌓여도 산이 되지는 않는다

집안일 역시 완벽하지 않아도 됩니다! 세상 사람들, 특히 남편에게는 비밀인 저의 날림 테크닉을 소개합니다. '여기만의 이야기'로 부탁드립니다!(^^)

1. 아이의 실내화와 운동화는 세탁기로 빤다 : 주말에 아이 세 명의 실내화, 체육관에서 신는 신발, 운동화를 착실하게 빠는 건 쉽지 않습니다. 세탁망에 넣어서 세탁기에 호쾌하게 돌립니다(단, 건조는 하지 않습니다. 신발 미라가 나옵니다).

2. 음료는 페트병에 분말로 : 여름이나 운동회 시즌뿐 아니라 거의 일 년 내내 아이들 물통을 매일 아침 준비합니다. 우리 집은 전날 밤 4분의 1 정도 물을 넣은 페트병을 냉장고에 넣어 두었다가 다음 날 아침 물을 더 넣고 볶은 보리차/녹차/스포츠드링크 등의 분말을 넣은 다음 뚜껑을 닫고 흔들어서 보냉 홀더에 넣기만 하면 끝. 병에 차 찌꺼기가 물들 때까지 쓰고 난 후 그냥 버립니다.

3. 보리차는 간이 티 서버로 '셀프식' : 여름철 아이들은 하루에도 몇 번씩 "엄마, 차가운 보리차! 보리차!" 하고 외칩니다. 운동회용으로 산 저그(항아리 주전자)를 거실 한켠에 두고 물과 얼음, 보리차 분말을 넣어서 간이 보리차 서버를 만든 다음 '셀프로' 하라고 당

부하고 있습니다. 아이 친구들이 왔을 때도 '원하는 만큼 마셔요'라는 종이를 붙여 두면 일손을 덥니다.

4. 기계에 의지한다 : 집에서 제 말을 순순히 들어주는 것은 기계 뿐입니다. 그러므로 식기세척기나 청소로봇 등의 가전은 최대한 활용합니다. 에어컨 등의 가전도 새것으로 교체할 때는 되도록 유지보수에 손이 안 가는 것으로 선택합니다.

5. 부엌 환경을 향상하기 위한 설비 투자를 한다 : 원만한 가정 유지를 위한 필수 경비입니다. 저는 전용 소형선풍기와 다리히터를 샀습니다. 그러지 않으면 모두 에어컨이 나오는 방에서 즐겁게 텔레비전을 보고 있을 때 혼자 저녁밥 따위 준비하고 싶지 않으니까요. 요리나 세탁은 종종 의자에 앉아서 합니다.

6. 청소/정리/세탁은 빈도를 줄인다 : 청소도 눈에 띄는 쓰레기만 줍고 청소기 돌리기와 정리는 빈도를 줄입니다. 특히 방학은 '곧바로 어지럽혀진단 말이야'라며 처음부터 되도록 정리에 손을 대지 않습니다. 거실만이라든지 식으로 포인트를 좁혀서 그곳만 해결되면 괜찮다고 칩니다. 비 오는 날은 하느님이 "자네, 늘 정말 애 많이 쓰는군. 상으로 오늘은 세탁을 쉬어"라고 말씀하셨다고 생각합니다.

7. 집안일의 한계선을 잘 파악하여 단계적으로 낮춰 간다 : 요리나 청소 등을 소홀히 하는 날이 계속되면 남편에게서 불만이나 잔소리가 나옵니다. 슈퍼마켓의 반찬과 냉동식품 등은 정말 고마운 것들이지만 '슬슬 잔소리가 나올 때가 된 것 같은데'라고 생각되면 남편이 좋아하는 조림요리를 조금만 만듭니다. 그렇게 가족의 눈높이를 서서히 낮추어 조금씩 날림 살림에 친숙해지게 한다, 라는 '무서운' 전략으로 장기 작전을 펼치는 것입니다……! 남편도 십 년에

① 아이를 대하는 법 기본 편

② 알기 쉽게 전달하는 방법 기본 편

③ 가정생활 연구 기본 편

④ 나들이를 위한 연구 편

⑤ 학교/유치원 생활 연구 편

⑥ 학습 서포트 편

⑦ 욱이에 집이 빠질 때 대처법 편

걸쳐 사소한 것은 그다지 신경 쓰지 않는 마음 넓은 남편으로 진화 되었습니다.

육아는 힘이 든다고 하여 "에이, 포기할래"라고 할 수 없는 것이 기에 조금씩 힘을 빼서 지나치게 애쓰지 않기 위한 연구에 투자하는 것이 안정되게, 오래 지속할 수 있는 비결인지도 모릅니다.

조금 집이 어질러져 있어도 그만큼 엄마가 아이에게 여유를 가지고 대할 수 있다면 그쪽이 더 나은 게 아닌가 하고 저는 생각합니다.

트러블 -> 화낸다 -> 지친다 -> 트러블 ▶

① 아이를 대하는 법 기본편

② 알기 쉽게 전달하는 방법 기본편

③ 가정생활 연구 기본편

④ 나들이를 위한 연구편

⑤ 학교유치원 생활 연구편

⑥ 학습 서포트 편

⑦ 육아에 진이 대처법 편

093
트러블 -> 화낸다 -> 지친다 -> 트러블 ▶
첫 번째 한 걸음으로 악순환에서 탈출할 수 있다

큰아이가 이른바 '신입생 증후군'(갓 입학한 일학년생이 집단행동에 서투른 이유 등으로 학교생활에 적응 안 되는 상태가 계속되는 것-편집자)으로 매일 문제를 일으켰을 때는 '트러블 → 화낸다 → 지친다 → 또 트러블 → 더 화낸다 → 정말 지친다 →……'와 같은 무한 루프를 돌면서 전혀 마음을 쉴 틈이 없고 아이의 문제행동은 더욱 더 늘어나는 육아의 악순환에 빠져 있었습니다.

그런데 '사소한 것이라도 좋으니까 무언가 실제로 시도해 본다'라는 맨 처음 한 걸음을 내디뎠더니 이 무한 루프에서 빠져나올 수 있었습니다!

하지만 그 '맨 처음 한 걸음'이라는 것이 상당히 허들이 높습니다. 원래 저는 내향적이고 신중하여 감정을 그다지 밖으로 드러내지 않는 수수하고 얌전한 아이였습니다.

그런데 말입니다! 그런 저도 매일매일 눈앞의 육아로 힘이 달리면 점점 반사신경밖에 사용하지 않게 되었습니다. 두 번째 아이가 태어난 지 얼마 후 저에게서 '아저씨 목소리'가 튀어나왔을 때는 스스로 놀라 자빠졌습니다.(^^)

타고난 '유연한 발상'이나 '냉정한 판단' 따위 발휘할 여지가 없었습니다. 마음과 시간에 여유가 없으면 설령 '수단'으로 화내고 있음을 스스로 알고 있어도 '창의연구' 같은 것은 나오지 않습니다. 의사의 조언이나 지원/치료교육 관련 책이나 육아 블로그 등을 보고 들어도 다른 사람의 의견을 받아들일 마음이 될 수 없고, 알고 있어도 실행할 수 없는 것입니다.

이것은 매일 아이가 야단을 맞음으로써 (설령 나 자신이 화를 내고 있다고 해도) 나도 같이 처져서 자신감을 잃고 있기 때문입니다. 문제가 연속해서 일어나 정신적으로 쉴 여유가 없는 까닭에 머리가 텅 빈, 패닉과 비슷한 상태였다고 생각합니다.

제가 어떻게 여기에서 빠져나올 수 있었을까요. 그것은 기분을 리셋할 수 있는 시간을 하루 한 번 5분이라도 좋으니까 만들려고 했기 때문입니다. '트러블 → 화낸다 →지친다'의 사이 어딘가에 '쉰다'를 집어넣습니다. 아무튼 조금이라도 쉬어 한숨 돌립니다. 팽팽하게 당겨져 있던 긴장감을 아주 약간이라도 좋으니 풀도록 의식합니다.

그리고 조금이라도 마음이 안정되면 정말 사소한 것이라도 실현 가능할 것 같은 일을 시도해 봅니다. 아이를 위한 일이 아니어도 좋습니다. '저녁 반찬으로 내가 먹고 싶은 것을 하나만 사 온다'라도 괜찮습니다. 장 보러 갈 수 없다면 인터넷에서 주문하는 것도 괜찮습니다. 자신이 '이렇게 하고 싶다'고 생각한 것을 실제로 실행하여 '해냈다!'고 생각할 수 있는 것이라면 뭐든지 좋습니다.

매일 아이의 일로 머리가 꽉 차 있고 쉴 틈도 없이 이 일 저 일에 휘둘리는데 무엇 하나 뜻한 대로 되지 않는 상태가 지속되면 무력감을 느끼게 됩니다. 정말로 사소한 것이라도 좋으니 '해냈다!'가 늘어나면 자신감이 붙는 것은 엄마도 마찬가지입니다. 스스로에게

'가능한 범위에서 가능한 것'을 시도해 봅니다.

그런 다음 아이에 대해서도 지금 상태에서도 무리 없이 할 수 있을 듯한, 허들이 낮은 일을 아이가 잘하는 분야에서 시도해 봅니다. 말을 걸어 주는 것 등 돈과 시간, 품이 들지 않는 방법이라면 실패해도 그다지 화가 나지 않으니까 가능한 간단하고 손쉬운 것이 좋을 것입니다. 이 책에 소개한 방법 이외에도 엄마가 직감적으로 좋다고 생각하면 어떤 것이라도 괜찮습니다.

저는 늘 '지금 이 순간 내가 할 수 있을 것 같은 것'이라고 구체적으로 생각하려 합니다.

아이에게 "좀 더 잘하란 말이야"라고 말해도 달라지지 않습니다. 지금도 학교 등에서 무언가 트러블이 있었을 경우 "주의 시키겠습니다", "애쓰도록 하겠습니다"라고는 말하지 않습니다. '어떻게 하면 조심하는 게 가능할까?', '어떻게 하면 할 마음이 생길까?'라는 구체적인 방법을 생각한 다음 틀려도 괜찮으니 우선은 실천해 봅니다.

스스로 할 수 있는 일을 하는 편이, 움직이지 않는 아이를 무리하게 움직이려 하는 것보다 (설령 실패로 끝난다 해도) 훨씬 달성감을 느낄 수 있습니다.

화를 낸다는 것은 에너지를 엄청 소모하는 일이어서 한 번이라도 다른 수단으로 아이에게 전달하면 부모의 에너지도 조금 절약됩니다. 그만큼 자신의 휴식이나 아이에 대한 다음 서포트를 시도해 볼 수 있습니다. 마음이나 몸에 여유가 생기면 아이가 같은 잘못을 하고 있어도 '감정'으로 화나는 횟수도 조금씩 줄어 갑니다. 유연한 대응이나 우리 아이에게 맞춘 아이디어의 발상이나 시행착오

①아이를 대하는 법 기본 편
②알기 쉽게 전달하는 방법 기본 편
③가정생활 연구 기본 편
④나들이를 위한 연구 편
⑤학교·유치원 생활 연구 편
⑥학습 서포트 편
⑦육아에 지친 엄마 대처법 편

도 가능하게 됩니다.

맨 처음 작은 한 걸음을 내디딜 수 있으면 부모와 아이 모두 '해냈다! → 자신감 → 여유 → 해냈다! → 자신감 → 여유……'라는 바람직한 순환으로 궤도를 수정해 갈 수 있습니다. 악순환의 무한 루프에서 반드시 빠져나올 수 있습니다.

① 아이를 대하는 법 기본 편

② 알기 쉽게 전달하는 생활 기본 편

③ 가정생활 연구 기본 편

④ 나들이를 위한 연구 편

⑤ 학교/유치원 생활 연구 편

⑥ 학습 서포트 편

⑦ 욕에 진이 빠질 때 대처법 편

094

금세 싫증내고, 지속하지 않는다 ▶
이런 방법 저런 방법으로 지속할 수 있다

부모가 한 걸음을 내디뎌 이것저것 '우리 아이'를 위한 아이디어를 모처럼 시도해 보았지만 아이의 반응이 좋지 않거나 반응은 있었지만 금세 시들해 하는 경우가 (우리 집에서도 흔히) 있습니다.

아이가 전혀 받아들여 주지 않을 때는 방법을 살펴서 수정/개량해 보든지 다른 접근방법을 시험해 봅니다. 하지만 처음에는 흥미를 가졌지만 지속할 수 없었던 경우는 어떨까요. 이른바 '작심삼일'입니다.

'작심삼일'을 '삼 일밖에 지속하지 못했다=실패'라고 받아들일지 '삼 일 지속할 수 있었다=성공'이라고 받아들일지에 따라 부모의 동기 부여도 달라집니다.

'작심삼일'일지라도 이 방법 저 방법으로 이어 가면 '계속했다'가 됩니다. 방법에 얽매이지 않고 목적을 시야에서 놓치지 않으면 서포트는 흔들리지 않습니다.

저는 요즘 한 주에 한 번의 페이스로 페이스북에 凸凹 육아 아이디어를 올리고 있는데, 아이디어의 재료가 떨어지지 않는 이유는 실은 우리 집 아이들이 무척 잘 싫증내는 유형이기 때문입니다. 아이들은 대체로 그런 성향이 있지만 큰아이의 경우 특히 거의 대부분의 지원 툴은 한 번 쓰고 버린다고 해도 과언이 아닐 정도로 여기에서 저기로 관심사를 옮겨 갑니다(저는 '흡수가 빠르다', '호기심이 강하다'라고 해석하고 있습니다).

또 성장에 따라 흥미를 가지는 내용도 달라지는데, 예를 들어 '친구를 때리지 않는다'라는 동일한 사항을 가르칠 때 어릴 때는 가면라이더 등 영웅에 비유하고, 조금 더 크면 롤플레잉 게임풍의 카드를 만들고, 지금은 셀프컨트롤 연습을 한다, 식으로 방법을 바꾸고 내용을 바꿔 지속해 나갑니다.

달아오른 돌에 물 붓기처럼 생각되는 일도 100번 물을 끼얹으면 다소 효과를 봅니다. '기가 꺾이지 않는다', '포기하지 않는다'라는 자세는 실행하기에 매우 어렵지만 그런 가운데 아이의 조그만 진보에 주목할 수 있으면 부모도 계속해서 밀고 나가기 쉬워집니다.

예를 들어, 세상에는 별만큼 많은 '다이어트법'이 존재합니다. '양배추 다이어트'를 해 보고 '역시 양배추만 이렇게 많이 먹을 순 없어' 하고 '사과 다이어트'를 시작합니다. 사과에 질리면 바나나, 야채주스…… 그러다가 '같은 음식만 먹는 것은 너무 힘들다'는 데 생각이 미치면 워킹이나 ○○체조 등 몸을 움직이는 어프로치를 해 봅니다. 그러고도 '역시 나는 운동은 그다지 좋아하지 않는 것 같아' 하고 지치면 몸무게를 매일 기록하는 것만 한다든지 ○○하면서 가능할 것 같은 부담이 적은 방법을 적용해 봅니다. 이렇게 질리지 않고 이 방법 저 방법으로 밀고 나가는 동안 결과에 관계없이 과정을 친구들과 나누는 데 재미를 붙인다든지 "어쩐지 조금 날씬해진 느낌인데?" 등 작은 변화를 알아차리게 되면 수행하는 것 자체가 즐거워져서 라이프워크화가 됩니다.

아이에 대한 서포트도 마찬가지입니다. 하나씩 드러나는 개별

문제나 결과에 눈이 가 버리면 '또 싸움이야?! 전혀 안 달라졌잖아!'라고 생각하게 되지만 붙들고 밀고 나간 과정을 전체적으로 보면 "그러고 보니 친구에게 손부터 나가는 횟수는 조금 줄어든 것 같네", "여전히 손부터 나가기는 해도 사과하는 횟수가 좀 늘어난 것 같은데?" 등 작은 변화를 실감할 수 있게 됩니다.

수행의 과정이나 아이의 작은 변화를 기꺼워하는 것이 서포트를 지속할 수 있는 요령입니다.

① 아이를 대하는 법 기본 편

② 읽기 쉽게 전달하는 방법 기본 편

③ 가정생활 연구 기본 편

④ 나들이를 위한 연구 편

⑤ 학교/유치원 생활 연구 편

⑥ 학습 서포트 편

⑦ 육아에 진이 빠질 때 대처법 편

095 응석 받아 주기와 서포트를 구별한다

'응석받이로 기른다'고 수군댄다 ▶

부모의 '우리 아이 서포트'가 궤도에 오르면 주위의 의견이 시끄
럽게 느껴지는 일이 생길지도 모릅니다. 특히 얼핏 '보통 아이'와
구분이 어려운 경도/경계선급의 아이는 약간만 찬찬히 가르치고
이해와 도움을 주면 부담이 줄어들어 아이가 가지고 있는 힘을 훌
쩍 키울 수 있지만 '응석 받아 주기', '과잉 지원'으로 비쳐져 부모
의 의욕을 꺾는 말을 주위에서 듣게 되기도 합니다.

그것이 정말로 '응석 받아 주기'라면 아이의 자립을 위한 스킬
키우기로 연결되지는 않을 것입니다. 하지만 그것이 신경이 쓰여
서 필요한 서포트를 해 주지 않으면 학습이 덜 되거나 잘못 된 채로
남게 되어 그것 또한 자립을 방해하게 됩니다.

'주위를 보고 저절로 배우기'는 잘 안 되지만, 약간만 친절하게
가르쳐 주면 할 수 있게 되는 아이는 있습니다. '응석 받아 주기'와
'서포트'를 판별하는 것이 중요합니다.

저는 '아이 본인만 할 수 있는 일'을 부모가 하고 있다면 '응석
받아 주기'이지만 그 외는 모두 '서포트'라고 판단하고 있습니다.

'아이 본인만 할 수 있는 것'의 가장 중요한 부분은 '의사 결정'
입니다. '친절하게 가르치고 이끌어 주는 것'과 '매사 끼어드는 것'
은 다릅니다.

아이 본인의 '이렇게 하고 싶다!'는 의사가 실현되도록 부모가 친절하게 가르치고 도움을 주는 것은 '서포트'이지만 부모가 '이렇게 하고 싶다!'고 생각하는 방향으로 아이의 의사를 무리하게 꺾는 것은 '매사 끼어드는 것'입니다.

하지만 모든 것을 아이 뜻대로 할 수는 없으며 시간이나 돈 등 부모에게도 사정이 있고 아이의 장래를 내다보아서 지금부터 착수하게 해야지 생각하는 일도 있습니다.

그 경우 아이에게 판단 재료가 되는 정보를 주고 장단점를 말해주거나 현실적으로 가능한 범위의 선택지를 제시하거나 부모의 사정을 알기 쉽게 전하여 '한다/하지 않는다', '어느 것으로 할까', '어느 정도 타협할까' 등은 아이의 의사를 존중합니다. 경험상, 아이를 위해서라고 생각하여 '이렇게 해!'라고 제가 무리하게 이끌어서 아이가 플러스 방향으로 익히게 된 것은 아무것도 없습니다.

저는 아이에게 반드시 시켜야 한다고 생각하는 기초학습이나 치료교육 놀이 등은 자연스럽고 즐겁게 할 수 있도록 방법을 연구하여 모르는 사이에 몸에 스며들도록 하고 있습니다.

또 학습이나 생활 기술 서포트 등도 숙제에 필요한 도구를 준비하고 보조선을 긋거나 확대 복사를 하고 힌트를 듬뿍 주어도 '생각하는 것'은 '아이 본인만 할 수 있는 것'이므로 제가 대신 '답을 주는' 것은 하지 않습니다. 그래야만 '내가 해냈어!'라는 달성감을 아이가 얻을 수 있기 때문입니다.

'아이 본인만 할 수 있는 것'은 아이의 발달/성장에 따라 달라집니다. 예를 들어 겨울방학 숙제에 '습자'가 있습니다. 글자 쓰기 장애가 있는 큰아이에게는 매우 허들이 높은 작업입니다. 그래서 제가 신문지를 펼치고 화선지를 세팅한 다음 먹을 갈고 엷은 보조선을 긋고 화선지 아래에 밑글씨를 쓰고 작은 붓 대신에 붓펜을 준비하여 '이제 쓰기만 하면 되는' 상태까지 준비하여 서포트합니다. 그러나 붓으로 글자를 쓰는 것만은 '아이 본인만 할 수 있는 일'이므로 손대지 않습니다.

다만 앞으로도 줄곧 이렇게 해도 되느냐 하면 그렇지는 않습니다. 연령에 따라 요구받는 것도 달라집니다. 점점 준비와 정리도 '아이 본인만 할 수 있는 일'이 되어 가는 것입니다.

주위의 아이들과 상관없이 본인의 성장 속도에 맞춰 서서히 손을 떼어 가도록 하고 있습니다. '붓으로 글자를 쓰는 것'에 익숙해지면 이름을 쓸 때 작은 붓도 사용해 보고, 사용한 붓을 씻는 것은 아이가 한다는 식으로 하나씩 스스로 할 수 있도록 이끌어 갑니다. 또한 부모가 얼마만큼 힌트를 주고 도와주었든 간에 최종적으로 스스로 수행했다면 "해냈구나!" 하고 인정하는 말을 해 주어 피드백합니다. 그것이 다음 도전으로 이어집니다.

부모의 걱정이나 불안, 기대나 희망에서 오는 '부모 마음'이라는 것은 결코 주변으로부터 책망받을 것이 아닙니다. 어떤 의견에도 귀를 기울이는 자세는 중요하지만 아이와 마찬가지로 부모의 의사를 소홀히 하고서 육아와 서포트를 지속해 나갈 수는 없습니다. 만약 제가 자신의 뜻에 반하여 '아이를 위해서', '당신을 위해서'라고 누군가에게 조언받은 대로 했다고 해도 저의 '부모로서의 자신감'에는 도움이 되지 않습니다.

주변 사람들은 부모에게 다양한 판단 재료와 힌트를 줄 수는 있지만 우리 아이의 육아방침에 관한 의사 결정은 '부모만 할 수 있는 일'입니다. 주변의 '불필요한 참견'에는 "걱정해 주셔서 감사합니다"라고 상냥하게 마음만 감사하게 받으면 됩니다.

아이와 엄마 모두 자신의 뜻을 존중받아야 비로소 한 걸음씩 전진해 나갈 수 있습니다.

① 아이를 대하는 법 기본 편

② 알기 쉽게 전달하는 말법 기본 편

③ 가정생활 연구 기본 편

④ 나들이를 위한 연구 편

⑤ 학교유치원 생활 연구 편

⑥ 학습 서포트 편

⑦ 육아에 진이 빠질 때 대처법 편

096

그래도 스트레스가 쌓인다 ▶
푸념은 바깥으로 발신한다!

스트레스 해소를 위해 생각하고 있는 것을 바깥에 드러내는 것은 매우 중요합니다. 특히 엄마 자신에게 凸凹이 있는 경우 부정적 이미지의 기억을 선별하기 어려워서 끊임없이 떠올리고 불쾌한 느낌을 갖게 될지도 모릅니다.

저 자신 몇십 년 전의 사소한 실패 체험이나 자신의 실언, 타인의 공격적인 언동 등을 별 것 아닌 계기에 고구마 넝쿨 캐듯 떠올리는 경우가 있습니다. 정보의 선별이 서툰 凸凹씨는 발상력이 풍부한 반면 스트레스도 받기 쉬운 듯합니다.

그런데 '푸념은 바깥으로 토해 내는 게 좋다'고들 하지만 저는 이웃의 아이 친구 엄마들에게 푸념하는 것을 잘 못합니다. 정신적 피로를 쉽게 느끼는 체질에다 '凸凹 육아' 특유의 고민은 다른 엄마들에게 말하기가 어렵습니다. "한자 쓰기를 싫어해서 학교에 데려다 주고 데려오고 있다"는 등 "올해도 운동회가 다가오고 있어서 우울하다"는 등 이야기는 이해받기 쉽지 않습니다. 공감받지 못하고 거꾸로 고독감을 더 강하게 느낄 정도라면 말하지 않는 편이 더 낫다며 웅크리게 됩니다.

하지만 '푸념은 밖으로 토해 내는 게 좋다'는 건 정말 그렇습니다. 그래서 저는 쌓인 불만을 여기저기에 잔뜩 메모합니다. 이렇게 하는 것만으로도 기분이 정리되고, 찢어서 버리면 속이 시원해집니다. 또 어딘가에 쓰면 안심하고 잊어버릴 수 있으므로 선별하지 않은 채 정보를 계속 저장하는 부담을 '메모광'이 됨으로써 줄이고 있습니다.

저는 메모를 '잊지 않기 위해서'가 아니라 효율 좋게 '잊기 위해' 사용합니다.

그리고 푸념도 페이스북 게시물이나 책의 재료가 되어 리사이클 됩니다. 사실이나 자신의 감정을 객관화하여 분석하고 정리하여 잘 승화하면 많은 엄마들로부터 공감을 받고 '좋아요!'라는 반응을 얻게 됩니다.

또한 블로그나 SNS에서 고민을 발신함으로써 '비슷한 아이와 엄마가 많이 있고 매일 노력하고 있다', '누군가 지켜봐 주고 있다'는 것을 서로 느낄 수 있으면 고독감으로부터 자신을 구할 수 있습니다. 가까운 곳에서 걱정을 털어놓을 수 없는 경우에도 스스로 기분을 정리하고 공감을 얻을 수 있는 곳을 집에 머물면서 찾아낼 수 있습니다.

① 아이를 대하는 법 기본 편

② 알기 쉽게 전달하는 방법 기본 편

③ 가정생활 연구 기본 편

④ 나들이를 위한 연구 편

⑤ 학교유아원생활 연구 편

⑥ 학습 서포트 편

⑦ 육아에 진이 빠질 때 대처법 편

ADHD 아이뿐 아니라 대다수 아이들에게 효과가 있다고 하는 '타임 아웃'이라는 방법이 있습니다. 아이가 폭력/폭언 등 지나친 행동을 하면 지정 장소에 격리하여 '참가에서 배제하는' 시간을 설정하는 것입니다. 우리 집 아이들에게는 이 방법이 그다지 먹히지 않았습니다만, 저는 스스로가 초조해지기 시작하면 "엄마가 피곤해서 좀 쉴게"라고 말한 다음 저 나름의 자발적 '타임 아웃'을 설정합니다. '지치면 쉰다'는 것은 가장 심플하고 효과가 높은 셀프 컨트롤이라고 생각합니다.

'타임 아웃'의 시간은 일반적으로 '연령×1분' 정도가 적당하다고 합니다. 3세라면 3분. 저는 40세이므로 40분은 쉬고 싶지만 그렇게는 잘 안 되지요. 침실에서 혼자 쉬고 있을 때 아이들이 차례차례 다이빙해 오는 일도 있지만 상관없이 쉽니다. 쉰다고 말했으면 쉬는 겁니다.

특히 방학은 의식적으로 쉬는 시간을 확보하고 있습니다. 약한 달 반 동안 업무량이 늘 뿐 아니라 휴일 출근이 계속된다면 아빠들도 푸념이 늘겠지요. 경우에 따라서는 소송 거리입니다. 가정의 평화를 위해 적극적으로 게으름을 피우지 않으면 안 됩니다.

저는 방학 기간 중에 '엄마의 낮잠 타임'을 만들고 있습니다. '다

같이 조용히 할 수 있다면'이라는 조건을 붙여 아이들도 곁에서 뒹굴뒹굴합니다. 잔업은 하지 않습니다. '공무원 모드'로 퇴근시간(저의 경우는 밤 9시까지!)이 되면 딱 끝냅니다(최근의 공무원은 잔업하는 분들도 많은 모양입니다. 특히 학교의 선생님 등……).

그리고 제가 쉬어서 '쿨다운' 하는 시범을 계속 보였더니 큰아이도 초조하고 짜증이 날 때 "잠깐 2층에 갔다 올게!"라고 말하고서 스스로 떨어져서 만화 등을 읽고 기분이 나아지면 2층에서 내려오는 모습을 보이게 되었습니다.

저는 궁극의 짜증 대책은 '쉬는 것'이라고 생각합니다. 어떤 멘털 트레이닝도 '쉬는 것'의 효과에는 대적이 안 된다고 생각합니다. '지치면 쉰다', '초조하고 짜증나면 쉰다', 간단하지만 의식적으로 실천하면 감정과 몸의 컨디션이 상당히 안정되어 아이들에게 휘둘리지 않게 됩니다.

① 아이를 대하는 법 기본 편

② 알기 쉽게 전달하는 방법 기본 편

③ 가정생활 연구 기본 편

④ 나들이를 위한 연구 편

⑤ 학교/유치원 생활 연구 편

⑥ 학습 서포트 편

⑦ 육아에 지친 분의 대처법 편

098 그래도 화를 내고 만다 ▶
완벽한 부모는 없다

화내지 않고도 의사 전달하는 방법을 생각하고 아이에게 맞춰 대응할 수 있게 되어 기분이나 시간에 조금 여유가 생겼다 해도 '욱 하고 아이에게 화를 내고 마는' 것을 완전히 없애는 것은 무척 어렵습니다. 저도 여전히 그렇습니다. 하지만 '그래도 오케이'라고 생각합니다.

큰아이는 일학년 때에 비하면 매일 학교에도 가게 되었고 친구도 생겼습니다. 하지만 아이가 살아 있는 이상 그 아이답게 구김살 없이 행동하면 할수록 새로운 과제도 생겨납니다. 게다가 (초등학생 때의 제가 그랬듯이) 우등생이어서 '문제행동을 일으키지 않는 아이'에게 전혀 문제가 없는가 하면 그렇지 않은 경우도 종종 있습니다.

어떤 아이라도 凸이 있으면 같은 숫자만큼 凹이 있습니다. 凸만 혹은 凹만 있는 경우는 없습니다. 아무리 서포트하고 치료교육에 힘써도 완벽한 아이는 없습니다. 그리고 '그것으로 OK'라고 생각합니다.

태어나기 전에는 나의 일부였던 아이도 지금은 별개의 신체와 마음, 의지를 가진 인간입니다(조금 쓸쓸한 이야기이지요……). 당연히 엄마의 뜻에 반해 자유로운 의지로 마구 움직이고 타이밍 나쁘게 이런저런 일을 저질러 화도 납니다. 아이가 건강하게 자라고 있다는 증거입니다.

그러므로 '가능한 일을 가능한 범위에서' 하고 있지만 그럼에도 '나도 모르게 그만 아이에게 화를 내고 마는' 것도 제 마음이 건강한 증거입니다.

아이의 일에 대해 어떻게 되어도 상관없다고 생각한다면 화는 나지 않습니다. 아이에게 관심이 있고, 아이의 성장에 책임을 느끼고, 아이가 갖고 있는 힘을 믿고 있기 때문에 화가 나는 것입니다.

또 화가 난다는 '감정'을 '참기'나 '인내'로 억눌러 버리면 아이를 꾸짖는 대신에 자기 자신을 책망하게 됩니다. 이것은 우울 상태로 이어질 가능성이 높으며 장기적으로 지속되면 나를 위해서나 아이나 가족을 위해서 좋지 않습니다.

저도 그렇지만 집착파에다 완벽주의 성향이 강한 '凸凹씨'에게는 특히 자신이나 타인에 대한 허들을 낮추는 연습이 필요하다고 생각합니다.

먼저 부모가 자신을 그대로 받아들이는 '모델'을 보여 줌으로써 아이도 자신이 잘하는 것과 못하는 것을 그대로 받아들이게 된다고 생각합니다. 그렇게 하면 부모와 아이 모두 모자라는 부분을 보완하는 다양한 방법을 받아들이고 잘 못하는 부분을 다른 사람에게 의지하게 되어, 사는 게 조금은 편해집니다.

자신의 凸과 凹을 받아들일 수 있게 되면
아이의 凸과 凹도 받아들일 수 있게 됩니다.

자신이 이상적으로 생각한 육아가 안 되어도 나 나름 노력하고 있다고

① 아이를 대하는 법 기본 편

② 읽기 쉽게 전달하는 방법 기본 편

③ 가정생활 연구 기본 편

④ 나들이를 위한 연구편

⑤ 학교아(유치원)생활 연구편

⑥ 학습 서포트 편

⑦ 육아에 지쳐 빠질 때 대처법 편

생각할 수 있으면

아이가 이상적으로 커 가지 않더라도 아이 나름 노력하고 있다고 생각할 수 있습니다.

자신이 조금 안 되는 일이 있어도 '그래, 괜찮아'라고 생각할 수 있으면 아이가 조금 안 되는 일이 있어도 '그래, 괜찮아'라고 생각할 수 있습니다.

① 아이를 대하는 법 기본 편
② 알기 쉽게 전달하는 생활 기본 편
③ 가정생활 연구 기본 편
④ 나들이를 위한 연구 편
⑤ 학교유치원생활 연구 편
⑥ 학습 서포트 편
⑦ 욕에 진이 빠질 때 대처법 편

099 '못하는 것'이 마음에 걸린다 ▶ '가능한 범위'만으로 괜찮다

아무리 아이의 있는 그대로의 凸凹을 받아들이자고 생각해도 아이의 '못하는 부분'은 마음에 걸리는 것이 '부모 마음'입니다.

저도 주위로부터 아무리 "신경 쓰지 마, 아이들에게는 흔히 있는 일"이라는 말을 들어도 좀처럼 납득하기가 어려우며 백지 답안 지나 쓰레기투성이 책가방을 보게 되면 아이의 장래가 불안하게 생각되기도 합니다.

부모는 육아에 책임감이 강할수록 아이에게 '못하는 것'이 있으면 '내 탓'이라고 생각하게 됩니다. 저도 아이와 자신의 '못하는 것'에 눈길을 주고 있으면 아무리 노력해도 '더 ○○하지 않으면 안 돼'라고 생각하게 됩니다.

그런데 아이와 자신의 '못하는 것'이 마음에 걸리지 않게 되려면 어떻게 하면 좋을까요. 저는 먼저 부모가 육아에 대한 자신감을 되찾는 것이라고 생각합니다. 그러기 위해서는 지금 '가능한 범위에서, 가능한 것'을 계속해 나가면 됩니다. 아이의 성장에 대해 부모로서 '무력하다'고 느끼게 되면 괴로우며, 자신이 할 수 있는 범위를 넘어 지나치게 노력해도 괴로워집니다.

'못하는 것'에 대해 아이와 자신을 책망하지 않도록 합니다. 담담하게 세 끼 밥 해 먹이면서 나에게 가능한 '엄마로서의 일'과 '가능한 범위에서의 서포트'를 하고 있으면 됩니다. 그럼에도 안 되는 일은 '어쩔 수 없다'고 생각합니다.

자신을 돌아보면서 깨닫는 사실은, 이것저것 아이가 못하는 것에만 신경이 가 있었던 때는 대체로 아이의 '지금 이 순간'의 모습을 보고 있지 않았다는 것입니다. 미래에 대한 불안이나 과거의 반성 등으로 생각이 떠다녀서 '무슨 수를 써서라도', '이대로는 안 돼'라고 초조해 합니다. 결국 아이의 의사를 존중하지 않고 무리하게 등을 떠밀어 모처럼 붙기 시작한 자신감을 망칩니다.

생각나는 대로, 부딪치는 대로 행동하는 아이를 두고 부모가 앞을 내다보면서 육아를 하는 것은 매우 중요합니다. '자립'이라는 목적지가 보이지 않으면 길을 헤매게 되니까요. 그래서 '이것도 못하네, 저것도 못하네, 아직 아직 갈 길이 멀어'라고 마음에 걸리는 것이 늘어나면 '눈앞에 있는 아이'의 모습을 집중하여 바라보고 '지금 이 순간'으로 의식을 되돌립니다. 그리고 부모와 아이 모두 '할 수 있는 것', '노력하고 있는 것', '좋은 점'에 눈길을 돌리도록 합니다. 학교에 간다, 밥을 지었다 등 당연해 보이는 것을 하고 있는 것만으로도 충분히 애쓰고 있는 것입니다.

우등생인 아이/엄마가 아니라 1년 전의 아이, 1년 전의 자신과 비교하면 할 수 있게 된 것, 성장한 것은 꽤 많을 것입니다. 그것을 떠올리고 아이와 자신에게 "정말 노력하고 있네!"라고 지금의 모습을 인정하는 말을 해 줍니다.

눈앞의 아이의 '지금 이 순간'의 모습을 보면서 '가능한 범위에서, 가능한 것'을 무리 없이 지속하고, 다른 아이에겐 당연한 일이나 작은 진보를 "아주 잘하고 있구나!" 하고 인정해 가면 아이와 부모 모두 자신감을 가지게 됩니다. 그렇게 하고 있으면 아이의 '못하는 부분'은 차차 '작은 일'처럼 생각됩니다.

이 책에서도 가능한 한 많은 아이들과 엄마들에게 힌트가 되도록, 가능한 한 많은 '우리 집 예'의 아이디어를 구체적으로 들고 있지만 무리하여 모든 것을 받아들일 필요는 없습니다. 아이에게 맞는 방법, 엄마에게 맞는 방법으로 '가능한 범위에서, 가능한 것'만 참고해 보시기 바랍니다.

① 아이를 대하는 법 기본 편

② 알기 쉽게 전달하는 방법 기본 편

③ 가정생활 연구 기본 편

④ 나들이를 위한 연구 편

⑤ 학교·유치원 생활 연구 편

⑥ 학습 서포트 편

⑦ 욱 에 진이 빠질 때 대처법 편

100 현실도피해 버린다 ▶
아이를 '느낌'으로써 현실로 돌아온다

저는 피로와 불만, 불안이 잔뜩 쌓이면 조금씩 휴식을 취해도 좀처럼 현실 세계로 돌아오지 못할 때가 있습니다. 그럴 때는 아이의 얼굴을 가만히 바라보거나 감촉을 확인하며 '진중한 눈이야', '따뜻하네, 부드럽네', '해님 냄새가 나는 것 같아'라고 느끼면 '지금'으로 돌아올 수 있습니다.

현실도피 모드 때는 대개 어쩔 도리가 없는 일을 막연하게 생각합니다. '우리 아이는 정말로 자립할 수 있을까', '진학할 수 있을까', '왕따를 당하게 되지는 않을까' 등 미래에 대한 걱정. '또 그런 말을 해 버렸어', '어렸을 때 엄마가 많이 화냈던 게 원인이 되었던 건 아닐까', '아이에게 더 ○○해 주었으면 좋았을걸' 등 과거에 대한 후회. 아이를 염려하기 때문에 더더욱 마음이 여기저기로 흐트러지고 말지만, 앞에서도 거론했듯이 이럴 때 저는 '지금 여기 있는 눈앞의 아이'를 보고 있지 않을 때가 많습니다.

그럴 때는 머리가 아니라 '감각'을 사용합니다.

먼저 눈앞의 아이를 가만히 쳐다봅니다. 동글동글하고 진중한 눈, 살짝 든 귀여운 코, 앵두 같은 입술. 그러고서, 만져 봅니다. 부드러운 뺨, 통통한 작은 손, 햇볕에 그을려 탄탄해진 다리와 팔. 얼굴을 가까이 가져가면 땀과 풀과 흙과 해님의 냄새와, 벌꿀 같은 달

콤한 냄새가 납니다. 아직 한참 어려 새된 웃음소리, 조용하고 편안한 숨소리에 가만히 귀를 기울입니다. 안아 보면 작은 생명의 따끈따끈한 온기와 묵직해진 무게를 느낍니다.

그러면 훨훨 과거와 미래로 날아가 있었던 의식이 사뿐히 '지금 이 순간'의 지면에 착지하는 듯한 기분이 듭니다. 분명 '땅에 발을 붙인다'는 것은 '지금'을 소중하게 여기는 삶의 방법일 것이라고 생각합니다.

이것저것 걱정하고 후회를 해도 소용없습니다. '지금' 할 수 있는 것을 가능한 범위에서 하면 되는 것입니다. 그러면 이상하게도 과거의 실패도 받아들일 수 있게 되고 어떤 미래가 올지라도 어떻게든 될 것이라는 마음이 듭니다.

① 아이를 대하는 법 기본 편

② 알기 쉽게 전달하는 방법 기본 편

③ 가정생활 연구 기본 편

④ 나들이를 위한 연구 편

⑤ 학교/유치원 생활 연구 편

⑥ 학습 서포트 편

⑦ 육아에 진이 빠질 때 대처법 편

101 사랑이 고갈될 것 같다 ▶
다른 사람에게서 친절한 돌봄을
받는다(유료 가능)

아이에 대한 사랑이 고갈될 듯한 느낌이 들면 먼저 자신에게 친절하게 대하고, 신체를 돌보고, 피로를 없애는 것이 중요합니다.

당신은 결코 '차가운 엄마'가 아니라 '과도하게 노력한 엄마'입니다.

자신이 소중하게 대우받지 못하면 아이를 소중하게 대하는 방법을 알 수 없습니다. 때로는 자신에게 응석을 허용하고 너그럽게 용서해 주는 것이 필요합니다.

자신이 아이에게 해 주고 싶어도 잘 되지 않아 괴롭다고 생각하는 것을 우선 다른 사람이 자신에게 해 주도록 합니다. '많이 만져 주고 싶은데 안 돼'라고 생각되면 자신이 그런 케어를 받습니다.

'아이를 더 상냥하게 대하고 싶어'라고 생각하면 엄마 자신이 미용실이나 마사지 등 서비스업을 제공하는 사람들에게 친절한 서비스를 받아 봅니다.

저도 종종 지치면 정형외과에서 보험 적용이 되는 마사지를 받습니다. 신체를 통한 케어로 소중하게 대우받으면 치유 효과가 높은 느낌입니다. 아이를 상냥하게 대하지 못하면 자기평가도 내려가기 마련입니다. 유료라도 좋으니 정중하고 친절하게 대응하는 곳에서 서비스를 받으면 멘탈 면에서도 회복되는 것 같습니다.

물론 무료로 친절을 나눠 주는 사람도 주변에 많습니다. 중요한 것은 그것을 알아차리고 충분히 받아들이는 것입니다. 우리 가족이 지금의 집에 이사 왔을 무렵 둘째 아이는 아직 아기인데다 첫째 아이는 매일 소동을 일으키는데 익숙하지 않은 환경에서 이야기를 나눌 사람도 없이 정말 고독하고 힘들었습니다. 그런 가운데 이웃 아주머니가 먹을거리를 들고 와 주신 적이 있었습니다. 정말 맛있는 찰밥이었습니다.

맞은편 아주머니도 "쓸데없는 참견일지도 모르지만 힘들어 보여" 하며 늘 마음을 써 주셨습니다. 저는 그것만으로도 마음이 편해졌습니다.

딸아이가 태어났을 때 눈 딱 감고 잠깐이라도 아이를 봐 주십사 부탁드렸더니 아주머니들은 "부탁해 줘서 기쁘다"라며 좋아하셨습니다. 엄마가 다른 사람들로부터 친절하게 대우받아야 아이를 상냥하게 대할 수 있다고 생각합니다.

① 아이를 대하는 팁 기본 편

② 알기 쉽게 전달하는 방법 기본 편

③ 가정생활 연구 기본 편

④ 나들이를 위한 연구 편

⑤ 학교/유치원 생활 연구 편

⑥ 학습 서포트 편

⑦ 욱아에 지이 빠질 때 대처법 편

102 쉴 틈이 전혀 없다 ▶ 서비스를 활용하여 휴식시간을 확보한다

'피로'는 기분을 부정적으로 만듭니다. 저는 긍정적이다 부정적이다 하는 것은 성격이 아니라 컨디션이라고 생각합니다.

파고의 차이는 있을지언정 어떤 사람이라도 긍정과 부정을 매일 오가고 있는 것은 아닐까요. 그리고 '요즘 내가 네거티브 쪽으로만 쏠려 있나 봐'라고 느낀다면 피로가 많이 쌓여 있다는 증거입니다. 그럴 때는 일찌감치 확실하게 쉬도록 노력합니다.

저는 피로를 떨쳐내지 못하고 네거티브가 되면 연장 보육을 부탁하거나 가사 대행 혹은 배달 서비스를 활용합니다. 남편이 일에 쫓겨 '아빠 카드'를 쓸 수 없을 때도 확실하게 저의 휴식을 확보할 수 있도록 합니다.

유치원의 연장 보육이나 학교의 방과후 클럽 등 위탁 보육이 등록제일 경우는 미리 등록해 두면 안심입니다. 그 밖에도 급한 일시적 맡김에 대응해 주는 탁아소를 가까운 곳으로 알아 둡니다. 딸아이는 연장 보육을 무척 좋아합니다. 우리 집은 언제나 사내아이들에게 점령되어 있어서 사이좋은 여자 친구와 느긋하게 놀 수 있는 연장 보육이 즐거운 모양입니다. 특별한 용무가 없을 때도 가끔 활용해서 충전하고 있습니다.

저는 지금도 2주일에 한 번 정도는 에너지가 소진되어 패밀리

레스토랑의 디너 배달 서비스 신세를 집니다. '다른 사람들이 쉬고 있을 때의 업무'는 이상하게 부담이 크게 느껴져서 토/일요일이나 연휴에 사람들이 쉴 때는 되도록 저도 쉽니다.

어떤 가정일지라도 가장 밑의 아이가 유치원에 들어갈 때까지는 정말로 힘들 것입니다. 저는 산후에, 아이가 둘일 때까지는 시어머니께 부탁하여 잠시 와 계셨고, 셋째를 낳았을 때는 한 달 동안 가사 도우미의 도움을 받았습니다. 그때는 매일 "우와, 대단한 방이야!" 소리를 들어 가며 카오스 상태의 방 청소와 위의 두 아이를 유치원에 보내고 맞을 때 막내 돌보기를 부탁했습니다.

몸을 확실하게 쉬게 하면 축 처졌던 기분도 다시 살아납니다.

① 아이를 대하는 법 기본 편

② 알기 쉽게 전달하는 발 법 기본 편

③ 가정생활 연구 기본 편

④ 나들이를 위한 연구 편

⑤ 학교/유치원 생활 연구 편

⑥ 학습 서포트 편

⑦ 욱해서 진이 빠질 때 대처법 편

103

컨디션이 나쁘다. 기분이 가라앉는다 ▶
자신의 유지보수를 뒤로 미루지 않는다

몸이나 마음에 전과 다른 변화를 느꼈다면 병원에 일찌감치 가 보도록 합니다.

저도 내과나 치과 등에 조금 이른 단계에 가면 큰일을 치르지 않고서 끝날 것을 '시간이 나면 가야지'라며 자신의 일은 늘 뒤로 미루는 타입입니다.

아이와 장난치다 부딪쳐서 흔들리는 치아 치료도 뒤로 미루었더니 한 개를 뽑게 되어 결과적으로 비싼 값을 치르게 되었지요. 게다가 '자신을 위하는 일을 뒤로 미루는' 일이 계속되면 저의 경우 피로 때문에 호르몬 밸런스가 무너져 현기증, 빈혈, 심한 어깨 결림으로 산부인과 신세를 진 일도 있습니다.

자신의 치료, 건강 유지를 위한 비용은 아끼지 않아야 하며, 일찌감치 가면 시간과 비용도 적게 듭니다. 엄마가 있고서 가족이 있습니다. 엄마의 몸과 마음과 관련된 사항에는 '붙임쪽지'를 최우선적으로 붙입시다. 지금은 단골 가정의에게 다니며 면역력을 높이고 피로회복이나 정신안정 작용 등에도 효과가 있는 태반주사(자비부담)를 예방적인 치료로 맞고 있습니다.

또한 발달장애 특히 자폐증스펙트럼 아이를 가진 엄마의 우울 리스크는 높다는 데이터가 있다고 합니다(참고 『발달장애 아이가 할 수 있는 것을 키운다! 學童 編』p38). 이것을 저는 '凸凹 육아를 하고 있는 엄마는 다른 사람 몇 배나 노력하고 있다'는 것으로 받아들입니다. 밥을 먹이고 유치원/학교에 가게 하는 '당연한 일상'을 보내기 위해 그만큼 많은 노력을 하고 있는 것입니다. 지치는 게 당연합니다. 그러므로 불면증, 무기력, 몸이 무겁다 등의 증상이 계속되면 일찌감치 전문기관에서 진찰을 받는 것이 결과적으로 아이나 가족을 위한 일이 됩니다.

저도 초등 3학년 때 학교를 쉬었던 시기와 결혼 전 아버지 간병하던 몇 년간 우울 상태가 되었던 경험이 있습니다. 성실하고 근면한 凸凹씨는 체질적으로 그렇게 되기 쉬운 경향이 있는 것 같습니다.

아이를 위해, 가족을 위해, 그리고 무엇보다 자기 자신을 위해, 지나치게 애쓰는 노력가 엄마는 '지나치게 애쓰지 않으려는 노력'에 가장 힘썼으면 좋겠습니다.

① 아이를 대하는 법 기본 편

② 알기 쉽게 전달하는 방법 기본 편

③ 가정생활 연구 기본 편

④ 나틀이를 위한 연구 편

⑤ 학교유치원생활 연구 편

⑥ 학습 서포트 편

⑦ 육아에 지친 이이 대처법 편

104 어떻게 하면 좋을지 모르겠다 ▶ 전문가에게 의뢰하면 길이 열린다

'아무리 노력해도 안 되는 느낌이다', '어떻게 해야 할지 모르겠다', '이제 손들었다' 같이 사방팔방이 막힌 상황일 때는 전문가의 힘을 빌리면 길이 열릴 때가 있습니다.

전문가는 풍부한 지식과 경험으로 나 혼자서는 생각할 수 없는 방법을 알고, 무엇보다 '의지할 곳이 있다'는 사실을 엄마를 고독에서 구해 줍니다.

저는 큰아이가 초등 1학년 때 히가시 치히로(東ちひろ)선생님의 '육아 전화상담' 신세를 졌습니다. 저는 육아가 암초에 부딪치자 '발달장애'라는 단어는 아직 몰랐지만 '지금까지 해 온 나의 방법으로는 잘 안 될지도 모른다'고 생각하여 책을 훑고 있었습니다. 그 가운데 특히 알기 쉬웠던 『남자아이를 쑥쑥 크게 한다! 엄마의 육아 코칭술』(메이츠 출판)의 저자가 전화상담을 받고 있다고 했습니다. 저는 곧바로 집에서 당시 아기였던 딸아이를 안은 채 전화 상담을 받았습니다.

히가시 선생님은 한결같이 저의 이야기를 부정하지 않고 들어 주었고 "아이에게 분노를 폭발시켰다" 같은 이야기도 "그렇지요"라고 공감하면서 받아들여 주었습니다. 저는 이렇게 '부정하지 않고 이야기를 들어 주면' 기분이 정리되고 내 편이 되어 주는 사람이

① 아이를 대하는 법 기본 편

② 알기 쉽게 전달하는 발달 기본 편

③ 가정생활 연구 기본 편

④ 나돌이를 위한 연구 편

⑤ 학교유치원생활 연구 편

⑥ 학습 서포트 편

⑦ 육아의 진이 빠질 때 대처법 편

있다는 안심감을 얻어 세상일을 전향적으로 생각하는 힘을 얻게 된다는 사실을 이때 비로소 알았습니다.

그리고 히가시 선생님은 상담시간 마지막에 '지금의 내가 무리 없이 할 수 있는 아주 작은 것'을 구체적으로 가르쳐 주셨습니다. 그때 히가시 선생님의 지원에 힘입어 한동안 종종 상담하면서 제가 할 수 있을 만한 일을 생각하고 실천하면서 앞으로 나아간 결과 지금의 제가 있게 되었습니다.

지금은 전화나 화상전화 등을 활용하여 집에서 상담을 하는 카운슬러도 많아서 전과 비교하면 카운슬링이 훨씬 친근해졌습니다. 집에 아기나 어린아이가 있어 외출이 곤란한 경우에도 손을 뻗어 대응해 주는 사람을 찾을 수 있습니다. 가까이에 가벼운 마음으로 고민을 털어놓을 수 있는 사람이 없어도, 어떤 이야기이든 끝까지 부정하지 않고 듣는 스킬이 있고 누구에게도 이야기할 염려가 없는 전문가라면 안심하고 의뢰할 수 있습니다.

또한 저는 아이 일로 학교와 직접 대응할 필요가 있는 경우 등도 상담교사나 특별지원 코디네이터 선생님과 약속을 잡고 상담하기도 합니다.

상담교사는 학교와의 중개도 능숙하게 해 주므로 담임선생님께는 직접 말하기 어려운 사안이나 모나지 않게 이쪽의 요망사항을 전하고 싶을 때에도 먼저 마음에 걸리는 일을 대략적으로 말하고서 연대를 부탁하면 어휘를 골라서 학교 측에 전달해 주기 때문에 매우 도움이 됩니다.

또한 아이 본인의 상담에도 응해 주므로 만약 왕따나 부등교 고민이 있으면 학교 사정에도 밝아서 도움이 되는 마음 든든한 존재가 될 것입니다.

지자체나 의료기관, 대학 연구실 등이 시행하고 있는 발달상담이나 민간 지원기관의 조언도 무척 도움이 됩니다.

발달장애에 해박한 전문가는 지능검사 등의 결과를 바탕으로 전망을 하고 아이의 특성에 걸맞은 구체적인 지원 제안을 해 줍니다. 저는 얼마 전 대학 연구실의 발달상담을 받았습니다. 그때 지금까지 받아 온 WISC-IV 지능검사 결과와 아이의 성적표, 테스트와 노트 등의 자료를 지참하여 상담한 결과 정말로 명쾌하고 구체적인 조언을 많이 받았습니다.

또한 의사나 대학의 관련 전문분야 교수님이 하는 이야기는 설득력이 있어서 "이런 조언을 받았습니다"라고 전달하면 학교 측도 귀를 귀울여 주기 쉬울 것입니다.

우리 아이들이 다니는 발달장애 아이 전문의 개별지원 사설기관에서도 그때그때 아이의 과제를 상담하면서 담당 선생님이 함께 작전을 가다듬어 우리 아이에게 걸맞은 학습방법으로 진행해 줍니다. 또 조금 앞날의 진로 상담도 비슷한 아이들의 실제 데이터를 바탕으로 현실적이고 도움이 되는 정보를 제공해 주고, 임상심리사도 있어서 지능검사 결과를 정리하여 상세하고 알기 쉽게 조언해 줍니다.

사방이 막혀 어찌할 도리가 없는 것처럼 생각되어도 반드시 길은 있습니다. 중요한 것은 그것을 찾으려는 의지가 사라지기 전에 뻗어 있는 손을 잡는 것입니다.

① 아이를 대하는 법 기본 편

② 알기 쉽게 전달하는 방법 기본 편

③ 가정생활 연구 기본 편

④ 나들이를 위한 연구 편

⑤ 학교유치원생활 연구 편

⑥ 학습 서포트 편

⑦ 육아에 진이 나면 대처법 편

105 이제 한계에 다다랐는지도 몰라 ▶
평소에 '도와주세요' 훈련을

만약 '이제 한계에 이르렀는지도 몰라', '이 이상은 도저히 무리'라고 생각하면 '도와주세요!'라고 말합시다.

상대는 누구든지 좋습니다. 배우자, 부모, 아이들을 통해 친구가 된 엄마들, 이웃 사람, 아동상담소, 아동 학대방지 시민모임이나 자폐증 관련 협회 등의 각종 상담 네트워크 핫라인, 하다못해 중얼거림이라도 좋습니다.

급할 때에 대비하여 평소에 더 가벼운 단계에서 '도와주세요'를 발설하는 연습을 해 두면 아이도 '다른 사람에게 의지한다'는 것을 배웁니다. 피난훈련과 같습니다. 평소에 많이 '도와주세요'를 연습해 두면 큰일이 생겼을 때 분명 도움이 됩니다.

이전에는 좀처럼 다른 사람에게 의지하지 않고 무엇이든 혼자서 애썼던 저도 아이를 셋 키우면서 많이 진보했습니다. 남편에게 "혼자서 쇼핑하러 가고 싶으니까 잠깐 아이들 좀 봐 줄래요?"라는 것부터 제가 열이 날 때 아이 유치원 친구 엄마에게 "우리 아이를 유치원에 같이 좀 데려가 줄래요?"라고 부탁하고, 허리를 삐어서 움직이지 못할 때는 이웃사람에게 "병원까지 차로 태워다 주세요!"라고 부탁하는 등 어떤 형태로든 다른 사람들에게 의지할 수 있게 되었습니다. 다른 사람에게 의지하는 것은 나쁜 일이 아닙니다. 완벽하지 않으면 안 돼, 언제나 좋은 엄마이지 않으면 안 돼, 같은 것은 없습니다.

각자 잘하는 분야에서 '가능한 범위에서, 가능한 것'을 하면 충분하다고 생각합니다. 늘 100점이 아니어도 좋으니까, 전력질주가 아니어도 좋으니까, 도중에 걷거나 쉬고 조금은 꾀를 부려도 되니까, 어떻든 몸을 돌보면서 육아라는 길고 긴 마라톤의 '완주'를 어떻게든 함께 해 봅시다.

꼼짝도 못하게 되기 전에 아이와 자신을 위해 '도와주세요'라고 말하십시오. 저는 이 이상으로 엄마다운 용기 있는 행동은 없다고 생각합니다. 아이에게는 '엄마가 단지 그곳에 있어 주는' 그것만이 소망입니다. 아이는 얼마나 멀리 돌아가든 몇 살이 되든 엄마를 늘 기다려 주고 있으니까요.

아이가 사랑스러워 보이지 않는다 ▶
사랑의 이미지 트레이닝을

① 아이를 대하는 법 기본 편

② 알기 쉽게 전달하는 방법 기본 편

③ 가정생활 연구 기본 편

④ 나들이를 위한 연구 편

⑤ 학교유치원 생활 연구 편

⑥ 학습 서포트 편

⑦ 육아에 지쳐 힘들 때 대처법 편

우리 집 화장실 벽에는 사진이 잔뜩 붙어 있습니다. 세 아이 각각 태어났을 때 사진, 조부모까지 함께한 가족사진, 누이에게 뽀뽀하고 있는 오빠 사진, 제가 그린 우리 아이들 일러스트 등. 지금은 꾀를 부리고 이런저런 말썽을 일으키지만 아기 때는 저마다 천사 같았습니다. 그렇게 막 태어났을 때, 막 낳았을 때의 기분을 늘 가깝게 느낄 수 있도록 하고 있습니다.

부모와 아이 모두 기분이나 신체의 컨디션에 들쑥날쑥 기복이 있는 것은 인간으로서 당연한 일입니다. 상태가 좋을 때 다양하게 '저장'해 두면 도움이 됩니다.

저는 아이패드에 아이가 웃는 소리를 보이스 메모로 저장해 두고 있습니다. 아이의 천진난만한 웃음소리는 듣기만 해도 굳어져 있던 기분을 풀어지게 하고 따뜻하게 해 줍니다. 또 자신이 온화한 기분이었을 때 상냥한 말투로 "○○야, 이제 유치원에 갈 시간이에요. 준비할 수 있겠어요?" 하고 녹음을 해 둔 다음 짜증이 나서 상냥하게 말할 수 없을 때 들려주는 경우도 있는데 저 자신도 저의 상냥한 목소리에 정신이 듭니다.

앞서 언급한 '해냈다 일기'나 손글씨 코멘트 등 기록으로 남기는 것도 이쪽의 컨디션에 좌우되지 않고 아이에게 언제라도 사랑을 전달하는 방법이 됩니다.

그리고 '지금'의 아이가 아무리 노력해도 받아들이기 어려운 초조하고 짜증 나는 심리상태일 때는 화장실에 있는 아기 시절의 귀여운 사진을 보거나 모유가 풍부하게 넘쳐 흐르던 무렵을 떠올리며 이미지 트레이닝과 심호흡을 합니다.

육아도 '초심을 잊지 말 것'입니다. 초조하고 짜증나는 상태가 지속되면 이런 사진들을 보면서 기분을 안정시킵니다.

첫째 아이는 처음 해 보는 육아여서 못 자고 눈을 뗄 수 없어서 힘들었지만 장난꾸러기처럼 웃는 얼굴이 너무나도 사랑스러워서 남편과 "이렇게 귀여운 아기가 많이 있으면 날마다 얼마나 즐거울까"라고 하여 둘째, 셋째 아이가 태어난 것입니다.

둘째 아이는 알레르기로 몸이 튼튼하지 못하여 걱정이었는데 매일 밤 자그마한 등을 계속 부드럽게 긁어 주었습니다. 하루하루를 필사적으로 버텨서 당시의 사진은 별로 없지만 그 부드럽던 등의 감촉, 편안해진 숨소리는 선명하게 기억하고 있습니다.

딸아이는 임신했을 때부터 매일 어린 오빠들이 "빨리 나와 줘"라고 제 배에 대고 말을 걸었고 가족 전원이 입회한 가운데 출산했습니다. 모두가 지켜봐 주고 기다려서 첫 번째 여자아이가 태어난 것입니다. 해님처럼 동그랗고 잘 웃는 얼굴의, 사랑이 넘치는 아기였습니다.

세 아이 모두 각각 정말로 귀엽고 사랑스러워서 저 나름으로 정말 열심히 키워 왔습니다.

그런 일들을 추억하면 지금 건강하고 무사히 성장하여 자신의 의사를 가지고 움직이기 시작한 아이가 제 기대대로 행동하지 않아도 그쯤은 별것 아닌 일로 생각됩니다. 그런 마음이 들면 화장실을 나와 조금 전 야단친 아이의 머리를 쓰다듬어 주거나 아무 말 없이 무릎 위에 앉히거나 합니다. 자신의 컨디션을 잘 살펴서 다루면 기분의 큰 흔들림을 작은 파도 정도로 안정시킬 수 있는 것입니다.

저는 초심으로 돌아가면 고갈된 듯했던 사랑이 마음 깊숙한 곳에서 다시 촉촉하게 솟아오르는 것을 느낍니다.

107

오늘은 지나치게 야단쳤다 ▶
끝이 좋으면 다 좋다

우리 집은 올 여름방학에 첫째 아이의 친구가 자러 온 것을 계기로 첫째 아이가 "이층에서 동생과 둘이서 잘래!"라고 말을 꺼내 갑자기 부모와 함께 자던 침실에서 '독립'해 버렸습니다.

함께 잤을 때는 매일 밤 각각 자기 전의 '의식'이 있었습니다. 자기가 좋아하는 것을 통해 즐거운 기분이 되고 스킨십을 통해 안심하여 잠들면 다음 날 아침도 기분 좋게 일어날 수 있습니다. 그런데 자기 전에 "어지간히 하고 빨리 자!"라고 야단치거나 부모가 괴로워하며 그 날의 반성회를 여는 식이거나 하면 다음 날 아침은 일어나는 순간부터 기분이 나쁘고 등교를 주저하는 확률도 높아집니다.

성인은 잠을 통해 기분이 전환되기도 하지만 아이들은 자기 전에 '일시정지' 버튼을 누르고 잠이 깨면 전날이 '계속하여 재생'이 되는 듯합니다.

그러므로 하루가 끝날 때는 부모도 지쳐서 축 늘어질 지경이지만 좀 노력해야 할 시점입니다. "인간적으로 '감정'으로 화나는 것을 무리하게 억누르려 애쓰지 않아도 된다"라고 맨 처음에 말했지만 만약 화를 참을 필요가 있다면 그것은 잠자기 전입니다.

'끝이 좋으면 모두 좋다'고 합니다. 그날 아이를 지나치게 야단쳤다면 여기서 청산합니다.

①아이를 대하는 법 기본 편

②읽기 쉽게 전달하는 방법 기본 편

③가정생활 연구 기본 편

④나들이를 위한 연구 편

⑤학교·학원생활 연구 편

⑥학습 서포트 편

⑦육아에 진이 빠질 때 대처법 편

"오늘은 야단쳐서 미안해. 하지만 엄청 사랑해" 하고 사과하거나 "○○야, 오늘은 ○○을 잘했어"라고 해낸 것을 인정하거나 "○○의 얼굴을 보여 줘. 코가 귀엽네"라고 쓰다듬어서 사랑을 알기 쉽게 전달합니다.

그러고서 기분 좋게 잠들 수 있도록 각자 자신에게 맞는 방법으로 시간을 보냅니다.

【우리 아이들 잠자기 전 의식】

첫째 아이 : 개그만화를 본다. "자기 전에 즐거운 일을 생각하면 기분 나쁜 일이 있었던 날도 즐거운 꿈을 꿔"라고 말합니다. 이불은 덮지 않고 요와 매트리스 사이에 끼어 자는 것을 좋아합니다. 갓난아기 때와 유아기에는 밤중에 자주 깨서 놀기 시작한 적도 있었지만 지금은 스위치가 끊어진 것처럼 아침까지 곯아떨어지는 경우가 많아졌습니다.

둘째 아이 : 만화를 본다. 둘째 아이의 침대는 만화잡지로 만들었나 싶을 정도로 만화 속에 파묻혀 있습니다. 제 쪽으로 등을 향하고 누우면 잠들 때까지 손바닥으로 부드럽게 등을 문질러 줍니다. 알레르기 때문에 가려움증이 있었던 아기 때부터의 습관으로 이렇게 하고 있으면 엄마인 저도 기분이 안정되어 잠들기 쉬워집니다.

딸아이 : 그림책 읽어 주기. 딸아이는 매일 밤 "오늘은 이거 읽어 줘"라며 그림책을 들고 오는데 이 시간을 무척 기대합니다. 때때로 둘째 아이의 숙제를 봐 주고 있는 동안 아빠가 읽어서 잠을 재우는 매우 고마운 날도 있습니다. 읽어 주기가 끝나면 딸아이는 저의 팔꿈치 바깥쪽 부드러운 곳을 줄곧 조물락조물락 만집니다. 이 부분

을 특히 마음에 들어 해서 취침 전 외에도 안정되지 않을 때, 피곤할 때, 외로울 때 그렇게 하면 안정이 되는 모양입니다.

그리고, 저의 양쪽에 둘째 아이와 딸아이, 딸아이 곁에 첫째 아이 식의 배치인데 세 아이 모두 몸의 어딘가를 저에게 붙여서 잤습니다.

첫째 아이는 불안할 때나 학교에서 안 좋은 일이 있었을 때는 사선 방향으로 발끝만 저의 허벅지나 장딴지 사이에 끼워 넣거나 딸아이 머리맡 위쪽에 있는 제 손을 잡거나 하여 엄마에게 '문어발 배선'를 했었습니다. 추운 겨울철에는 모두 들러붙어서 밀착된 상태여서 저는 사람들로 발 디딜 틈 없는 온천에 들어간 꿈을 꾸곤 했습니다. 지금은 첫째 아이와 둘째 아이는 이층 마루에 요를 나란히 펴고 함께 만화를 읽다가 자는데 가끔 조금 늦게까지 웃음소리가 들려오기도 합니다. 우리 집은 아침에 일찍 일어나므로 9시에는 메인 등은 소등하지만 나머지는 아이들에게 맡겨 두고 있습니다.

이전에는 좁고 덥고 어깨도 아파서 '하루빨리 헐렁하게 자고 싶다'며 일인용 베드에서 잽싸게 잠든 남편을 늘 원망했지만 위의 아이들이 2층에 '독립'해 버리니까 왠지 구멍이 숭숭 난 듯 안정되지 않는 요즘입니다.

하루의 마지막을 즐겁게 지내면 오늘도 힘써 잘 지냈다는 기분이 됩니다. 그리고 설령 화낸 채로 끝났더라도 엄마가 하루 동안 애쓴 사실에는 변함이 없습니다.

① 아이를 대하는 법
기본 편

② 알기 쉽게 전달하는
방법 기본 편

③ 가정생활 연구
기본 편

④ 나들이를 위한
연구 편

⑤ 학교/유치원 생활
연구 편

⑥ 학습 서포트 편

⑦ 육아에 진이 빠질 때
대처법 편

108 도대체 언제가 돼야 안정되는 거야? ▶
그런 날은 오지 않습니다

제가 처음 '부모 자격 영구 라이센스'를 강제로 발행받은 날로부터 어느새 10년이 흘렀습니다. 우리 집 아이들로 말할 것 같으면 제가 아무리 애를 써도 여전히 각종 트러블을 선물처럼 가지고 돌아옵니다. '도대체 언제나 편해질까?', '우리 집이 안정될 날이 오긴 올 건가?'라고 생각하는 경우도 많습니다.

하지만 아이들의 변화를 보면 이전에 비해 '그 아이 나름대로' 꽤 성장했구나 느끼게 되며, 할 수 있게 된 것도 확실히 늘고 있습니다.

어떤 아이일지라도 '아이라는 생명체'는 트러블이나 문제를 일으키는 존재이며 그것이 살아 있는 증거라고 말할 수 있겠지요. 만약 우리 아이가 아무런 트러블도 일으키지 않게 되었다면…… 그것은 힘든 일이 있어도 엄마에게 아무것도 말하지 않게 되었거나 제가 문제로 인식하지 않게 되었거나 둘 중 하나입니다.

제가 첫째 아이 출산으로 입원했을 때 읽었던 시어즈 박사 부부의 『엄마가 된 당신에게 보내는 25장』이라는 책에 충격적인 말이 실려 있었습니다.

아기를 낳은 엄마의 "도대체 언제가 되면 이전의 '보통'의 생활로 돌아갈 수 있느냐?"라는 질문에 대해…… "그런 날은 오지 않습니다"라고 단언하고 있는 게 아닙니까! 당시의 저는 상당한 충격을 받고 문안 온 남편에게 보여 주며 "그런 날은 안 온다잖아!", "그런가, 안 오는 건가"라고 말을 주고받은 기억이 있습니다.(^^)

하지만 이 말을 통해 포기가 되었다 할까, 새내기 엄마 나름으로 각오가 섰던 느낌입니다. 실제로 이 말대로 아이가 오기 전의 '보통'의 생활은 그로부터 10년이 흐른 지금도 여전히 우리 집에는 오지 않았습니다. 그런 기대는 일찌감치 버리고 각오를 다지는 쪽이 좋습니다. 이것도 부모로서의 '적응'인데 우리 집에서는 '트러블이 있는 일상'이 '보통의 생활'이 되었습니다.

저는 "그런 날은 오지 않습니다"라는 말을 자연스럽게 받아들인 때가 부모로서 아이의 凸凹을 있는 그대로 받아들인 때라고 생각합니다.

***

지금, 괴로운 마음으로 발달장애 아이를 키우고 계신 엄마들께

키우는 게 무척 어렵다,

자주 화낸다,

걱정거리가 많다,

눈을 뗄 수 없다,

위험한 일만 저지른다,

까다롭다,

다루기 어렵다,

스킨십을 싫어한다,

의사소통이 어렵다,

말을 안 듣는다,

상대의 기분을 모른다……

이런 육아 상급자 코스용 아이들은

지금 살아가고 있는 것만으로도 기적이라고 생각합니다.

엄마가 지금까지 정말로 잘 대처해 온 증거입니다.

제일 먼저, 그런 자신을 마음으로부터 칭찬해 주십시오.(^^)

라쿠라쿠 엄마로부터

***

(머리말에서 발췌)

① 아이를 대하는 편 기본 편
② 알기 쉽게 전달하는 방법 기본 편
③ 가정생활 연구 기본 편
④ 나들이를 위한 연구 편
⑤ 학교유치원 생활 연구 편
⑥ 학습 서포트 편
⑦ 욱하여 전이 예절에 대처편 편

맺음말

저는 얼마 전까지만 해도 자신감이 없는 평범한 엄마였습니다.

날마다 일어나는 난제에 휘둘리고 지쳐서 주위의 엄마들이 하나 둘 복직하고 취미와 사교 생활로 생기를 찾는 가운데 '왜 나만 계속 고생인 걸까' 하고 생각했습니다. 그리고 '오늘도 화내면서 하루가 갔다'며 잠자리에서 반성하지만 다음 날도 같은 일의 되풀이. 하루 하루 살아가는 것만으로도 힘에 부쳐서 아이들의 성장에 눈길을 줄 여유조차 없었습니다.

하지만 지금 마침내 아이에 대해서도 저 자신에 대해서도 '凸이 든 凹이든 이걸로 괜찮아'라는 자신감을 가지고, 육아가 정말로 편안하고 즐거워져서 마음으로부터 다음과 같이 말할 때가 있습니다.

육아만큼 멋지고 보람 있는 일은 없다!

매일 다채로운 변화가 있고, 자신이 가진 사랑/지식/경험/기력/체력을 총동원하여 지금까지의 인생과 감정의 파도를 정면으로 마주보는 수행도 할 수 있는, 이토록 창의적이고 즐거운 과업은 찾아보기 어렵습니다. 그리고 연중무휴임에도 무보수라는 악조건이지만 내 아이의 성장과 웃는 얼굴, 사랑의 답례라는 무엇에도 비길 수 없는 보수를 듬뿍 받을 수 있습니다(남김없이 빨아올려진 저의 사랑도 적립금처럼 언제가 돌려받을지도 모릅니다).

세계에서 가장 업무량이 많은 동업자 여러분. 일생에 한 번인 나만의 육아를 즐기지 못한다면 손해입니다!

먼저 이 책을 쓰면서 바쁘신 중에 감수를 허락해 주신 시오미 도시유키 선생님께 감사드립니다. 그리고 수많은 분들이 저의 凸凹을 보완하여 지지해 주신 덕에 저의 육아를 책이라는 형태로 만들 수 있었습니다.

히가시 치히로 선생님은 매우 기본적인 커뮤니케이션과 스킨십 방법조차 몰랐던 저에게 육아와 사랑의 전달방법을 가르쳐 주셨습니다. 저의 인생을 풍요롭게 바꿔 주서서 마음 깊이 감사와 존경을 드립니다.

또 이처럼 멋진 기획에 도전할 기회를 주고 여기까지 친절하게 이끌어 주신 출판사 담당자와 '말걸기 변환법' 확산 직후 야간버스로 먼 곳에서 오서서 한 엄마일 뿐인 제가 출판할 수 있도록 끈기있게 힘써 주신 편집집단 WawW! Publishing 오토마루 씨에게 감사와 경의를 표합니다. 덕분에 좋은 책이 되었다고 생각합니다.

그리고 늘 저의 글을 읽고 '좋아요'라고 해 주시는, 우리 아이들과 같은 凸凹씨 아이를 가진 페이스북 친구 여러분. 매번 진심으로 격려받고 용기를 얻었습니다. 감사합니다.

마지막으로 여보, 늘 고마워요. 당신처럼 좋은 아빠는 없을 거예요. 그리고 귀여운 우리 세 아이. 엄마는 너희들 엄마가 되어서 정말로 행복해요. 엄마에게 와 주어서 고마워.

오바 미즈

참고문헌

『男の子をぐんぐん伸ばす！ お母さんの子育てコーチング術』（東ちひろ：著／メイツ出版）

『スペシャリスト直伝！ 教室で使える！ ほめ方・しかり方の極意』（東ちひろ：著／明治図書出版）

『子どもが伸びる！ 魔法のコーチング』（東ちひろ：著／学陽書房）

『ギフテッド―天才の育て方』（杉山登志郎・岡南・小倉正義：著／学研プラス）

『発達障害のある子どもができることを伸ばす！ 学童編』（杉山登志郎：著、辻井正次：監修、アスペ・エルデの会：協力／日東書院）

『発達障害のある子どもができることを伸ばす！ 思春期編』（杉山登志郎：著、辻井正次：監修、アスペ・エルデの会：協力／日東書院）

『育てにくい子にはわけがある―感覚統合が教えてくれたもの』（木村順：著／大月書店）

『脳をきたえる「じゃれつき遊び」』（正木健雄・井上高光・野尻ヒデ：著／小学館）

『家庭で無理なく楽しくできるコミュニケーション課題30』（井上雅彦：編著、藤坂龍司：著／学研プラス）

『発達障がいを持つ子の「いいところ」応援計画』（阿部利彦：著／ぶどう社）

『ケース別 発達障害のある子へのサポート実例集 小学校編』（上野一彦・月森久江：著／ナツメ社）

『「困り」解消！ 算数指導ガイドブック―ユニバーサルデザインの前に』（小野寺基史・白石邦彦：監修、末原久史・中嶋秀一：編著、算数と特別支援教育を語る会・著／ジアース教育新社）

『小学校国語・算数 個々のニーズに応じた指導に役立つ教材・教具』（山岡修・柘植雅義：編著／明治図書出版）

『発達障害の子を育てる本 ケータイ・パソコン活用編』（中邑賢龍・近藤武夫：監修／講談社）

『発達障害のある子とお母さん・先生のための思いっきり支援ツール―ポジティブにいこう！』（武藏博文・高畑庄蔵：著／エンパワメント研究所）

『コミック会話 自閉症など発達障害のある子どものためのコミュニケーション支援法』（キャロル・グレイ：著、門眞一郎：訳／明石書店）

『最新子どもの発達障害事典』（原仁：責任編集／合同出版）

『ママになったあなたへの25章』（マーサ・シアーズ・ウイリアム・シアーズ：共著、岩井満理：訳／主婦の友社）

『さがしてみよう！ マークのえほん』（ぼここうぼう：著／学研）

『こどもあんぜん図鑑』（国崎信江：監修／講談社）

『ひとりでできるよ！ 図鑑』（横山洋子：監修／学研プラス）

など、多数。

발달장애와 경계선급
3남매를 웃으면서 키우는
108가지 육아법

1판 1쇄 2017년 11월 15일
1판 2쇄 2019년 12월 15일

지은이 오바 미스즈
감수 시오미 도시유키
펴낸이 노미영

펴낸곳 마고북스
등록 2002. 1. 8.
주소 서울시 마포구 와우산로 48, 로하스타워 707호(상수동)
전화 02-523-3123 팩스 02-523-3187
이메일 magobooks@naver.com

ISBN 979-11-87282-02-0 03590